U0044469

神奇的雞蛋

90多種意想不到的生活妙用

ALIX LEFIEF-DELCOURT 編著
史瀟瀟 譯

Egg

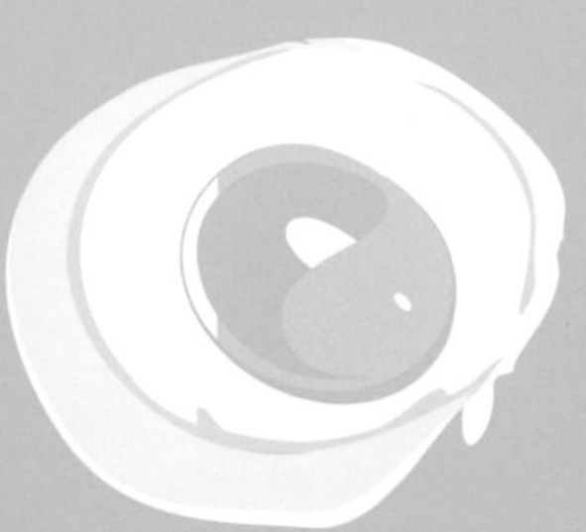

神奇的雞蛋

90多種意想不到的生活妙用

作　　者　ALIX LEFIEF-DELCOURT
譯　　者　史瀟瀟

發 行 人　程安琪
總 策 畫　程顯灝
編輯顧問　錢嘉琪
編輯顧問　潘秉新

總 編 輯　呂增娣
主　　編　李瓊絲、鍾若琦
執行編輯　程郁庭
編　　輯　吳孟蓉、許雅眉
編輯助理　張雅茹
美術主編　潘大智
美術設計　鄭乃豪
行銷企劃　謝儀方
出 版 者　橘子文化事業有限公司

總 代 理　三友圖書有限公司
地　　址　106 台北市安和路 2 段 213 號 4 樓
電　　話　(02) 2377-4155
傳　　真　(02) 2377-4355
E － mail　service@sanyau.com.tw
郵政劃撥　05844889 三友圖書有限公司

總 經 銷　大和書報圖書股份有限公司
地　　址　新北市新莊區五工五路 2 號
電　　話　(02) 8990-2588
傳　　真　(02) 2299-7900

初　　版　2014 年 5 月
定　　價　新臺幣 169 元
I S B N　978-986-364-000-4

國家圖書館出版品預行編目 (CIP) 資料

神奇的雞蛋：90 多種意想不到的生活妙用 / Alix Lefief-Delcourt 作 ; 史瀟瀟譯 . -- 初版 . -- 臺北市 : 橘子文化 , 2014.05
面 ;　公分
譯自 : L'oeuf malin
ISBN 978-986-364-000-4(平裝)

1. 家政 2. 手冊 3. 蛋

420.26　　103007487

序

奇異神祕的雞蛋

世上能有什麼東西比雞蛋更奇妙？首先，雞蛋象徵誕生，象徵生命，也象徵完美。幾世紀以來，雞蛋一直都籠罩著一層神祕的面紗，沒有人知道世上是先有蛋還是先有雞，雞蛋又為什麼會同時擁有複雜的內部結構和幾乎完美的外形？

雞蛋除了帶有與生俱來的神祕感，也同時擁有極其豐富的營養。在它的外殼下隱藏著有益身體健康的營養物質：全面的蛋白質、多種維他命、人體必需的礦物質、類胡蘿蔔素、有益心血管健康的脂肪酸。而且人們不用再為它的膽固醇含量而擔心，一些營養學專家已在幾年前證實了這一點，甚至有專家建議每天吃一顆雞蛋，因為這是一種豐富營養又經濟實惠的食物，且在一年 365 天中，每天都能換一種烹飪雞蛋的新花樣。

雞蛋能為人體補充現代食物中所缺乏的某些維他命和礦物質，因此能夠治癒很多疾病。雞蛋還可以美容，這在數個世紀之前就已經為人所知：它能使皮膚變得光滑柔嫩，使脆弱的頭髮變得光澤柔韌，還能平復黑眼圈、除祛黑斑。

雞蛋不論在室內還是庭院都大有其用武之地，能去除污垢，能使塑膠製品變得有光澤，還能促進綠色植物生長。蛋黃、蛋白、蛋殼，就連裝雞蛋的盒子都很有用，讓我們一起來探索其用途吧！雞蛋會不斷地帶給人們驚喜。

※ 本書所提及之功能依個人體質、病史、年齡、用量、季節及性別而有所不同，若使用後有不適，仍應遵照專業醫師個別之建議與診斷為宜。

contents

PART 5　雞蛋與美容

PART 6　雞蛋與健康

PART 7　雞蛋與美食

PART 1

先有雞還是先有蛋

地球上究竟是先有雞還是先有蛋，是一個無解的話題，很多專家學者，包括哲學家、神學家、生物學家、歷史學家等，都在探尋答案。但有一點是確定的，那就是母雞在地球上已經存在了幾百萬年，被人類豢養也已有七、八千年了。

在許多種文化中，蛋都是種象徵，象徵著世界的誕生。克爾特人認為，世界是在蛇蛋裡誕生的；中國人則認為，世界是在龍蛋裡誕生；而印加人相信，太陽神派送了3 顆蛋給地球：一顆金蛋派給貴族們，一顆銀蛋送給婦女們，還有一顆銅蛋分給貧民百姓們；羅馬人認為，在所有頌揚穀物女神賽爾斯（Ceres）的宴會餐桌上，都應該有雞蛋。

雞蛋的結構和組成

現今這些高產蛋量的母雞，是早年由哥倫布的船隊從美洲帶來的。至於蛋類，人類很早就開始食用了，不論是雞蛋、鴨蛋、鵝蛋、鴿子蛋還是鵪鶉蛋。但是，在很長一段時間裡，雞蛋都被視為一種次要食物，比如在 18 世紀，法國人平均每年食用 60 顆雞蛋，大約相當於每星期吃一顆雞蛋，這是現今雞蛋食用量的 1/5。那時候的人們認為，等雞蛋變成雞會更有收益。

過去，雞蛋是很多宗教的禁忌品，天主教禁止其教徒在四旬齋的 40 天齋戒期內食用雞蛋。因此，人們就把雞蛋保存在油脂、木屑或蜂蠟裡，直至復活節來臨，四旬齋結束後，儘快食用；也有一部分的雞蛋被煮熟，人們在蛋殼畫上各種彩色圖案，復活節彩蛋的傳統就是這麼來的。

由於路易十五非常喜歡蛋殼以及奶油夾心蛋白餅，於是，家禽飼養業首先在凡爾賽宮發展起來，隨後遍及了整個法國。在 19 ～ 20 世紀，這種工業化雞蛋生產的發展持續活躍，農產食品加工業把雞蛋運用於多種產品之中。為了適應需求，雞蛋供應商集中豢養母雞，導致了一些非常態的後果。

雞蛋組成成分

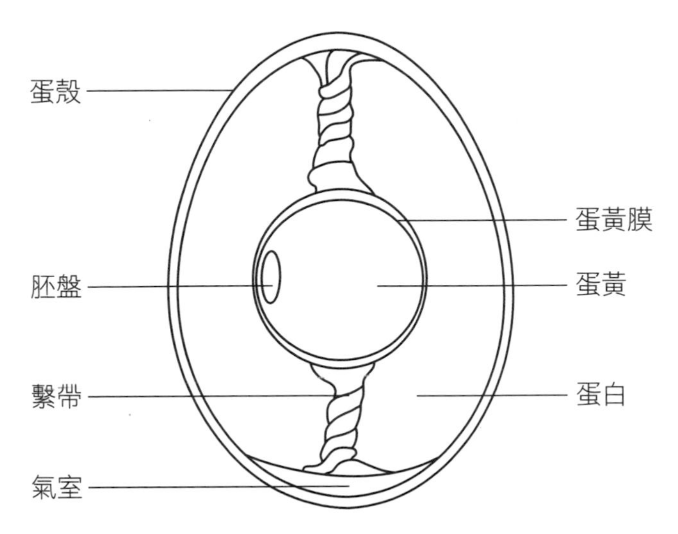

胚盤

位於蛋黃的表面。如果雞蛋受精，就會形成胚胎。

蛋黃

位於雞蛋的中心，是未來胚胎的營養儲備。它由占 50% 的水、脂肪和蛋白質組成。蛋黃深淺不一的顏色，是取決於母雞攝取的食物成分，但蛋黃顏色並不影響雞蛋的營養價值。某些雞蛋裡會有 2 顆蛋黃，但這並不是一種畸形，產卵量多的母雞容易產下這種雙黃蛋，人們可以放心食用這種「雙胞胎」雞蛋。

蛋黃膜

蛋黃由一層蛋黃膜包裹，雞蛋越新鮮，這層膜就越結實。

蛋白

為保護蛋黃免受撞擊或細菌感染，蛋白有好幾層，都呈膠狀，主要成分是占 90% 的水和蛋白質。

繫帶

連接蛋黃膜和蛋殼膜，它們一方面支撐著蛋黃，使之處於雞蛋正中，一方面轉動蛋黃，以使胚盤總是處於上方位置，從而能夠得以良好地發育。雞蛋越新鮮，蛋黃繫帶就越清晰。

蛋殼膜

有兩層蛋殼膜保護雞蛋免受細菌侵蝕。外層蛋殼膜緊貼蛋殼，內層蛋殼膜包裹蛋白。

氣室

是於雞蛋產下後變涼、兩層蛋殼膜分離後形成的。雞蛋存放得越久，氣室的體積就越大。

蛋殼

雞蛋的外殼由蛋白質和礦物鹽組成。蛋殼上密布著大量氣孔，這些氣孔讓氧氣能進入到雞蛋內部，氣室也就隨著時間的推移慢慢擴大。蛋殼本身也被一層角質層保護，以防止細菌進入雞蛋。蛋殼顏色多樣，是由母雞的品種決定，從白色到褐色都很常見，其顏色與雞蛋的味道及營養價值無關。

雞蛋二三事

卵子與雞蛋

母雞產下的並不都是「雞蛋」，事實上，只有與公雞交配後產下的才能被稱為「雞蛋」。人們日常食用的「雞蛋」並不是真正的「雞蛋」，以科學術語來說，這些都是「卵子」。

蛋的種類和特殊的蛋

目前人們在烹飪上用得最多的蛋就是雞蛋，本書也僅介紹雞蛋，但不表示不存在其他種類的蛋，以下按體形從小到大的順序，羅列其他的蛋類，並介紹其他較特殊的食用蛋。

其他種類的蛋

魚卵

包括鮭魚卵、鯔魚卵（烏魚子）、鱘魚卵、鱈魚卵等。

鵪鶉蛋

一般雞蛋的重量約為 50 ～ 70 克，而鵪鶉蛋僅有 15 ～ 20 克，比雞蛋小得多，蛋殼上布滿斑點。其營養非常豐富，鵪鶉蛋的含鐵量是雞蛋的 7 倍，維他命 B_{12} 的含量是雞蛋的 15 倍，維他命 B_1 的含量則是雞蛋的 6 倍。由於營養豐富，鵪鶉蛋具有很好的抗過敏性，因此經常被用於治療哮喘、枯草熱及塵蟎過敏等。可用烹飪雞蛋的方式來烹飪鵪鶉蛋，如沸水煮熟、煮到半熟、烤爐烘烤、平底鍋煎蛋等。

鴨蛋

比雞蛋要大一些，重量大約在 80 ～ 120 克之間，味道比雞蛋更濃。鴨蛋一定要完全煮熟才能食用，因其可能含有沙門氏菌。

鵝蛋

體形更大，重量一般在 150 克以上，也需要完全煮熟才能食用。

鴕鳥蛋

是全世界最大的蛋，重量在 1.2 ～ 1.8 公斤之間，一顆鴕鳥蛋就可供 10 人食用。

 特殊蛋類

鹹蛋

是一種道地的中國菜，把雞、鴨或鵝蛋的外殼洗淨，泡在鹽水中，或者用已與鹽調和的泥巴把蛋包裹起來，放置在陰涼處二週，煮熟即可食用。蛋黃會隨時間的增長出油，散發出香味，而蛋白會變得很鹹。

鴨仔蛋（毛蛋）

為亞洲特色菜之一，是把受精後的雞、鴨蛋用蒸氣煮熟後食用，此時胚胎已在蛋殼裡形成，整顆鴨仔蛋都可以食用，包括已成形的小雞和鴨！在很多亞洲國家，其被當作壯陽食品，尤其是在菲律賓、中國、柬埔寨和越南。

皮蛋

英文為 Hundred year egg，中文又稱松花蛋，為一種道地的中國菜，是雞、鴨蛋或者鵪鶉蛋發酵後的結果。一般在製作數週之後（約 100 天），即可食用。其製作方法是把蛋包裹在由泥巴、石灰、穀殼組成的混合物中，蛋會隨時間變成綠色，且散發一種類似硫磺和氨的氣味。皮蛋常會讓西方人倒胃口，但在亞洲人眼裡卻是美味佳餚！既可以單獨食用，也可以和紅薑、豆腐或蔬菜搭配食用。

與雞蛋有關的諺語

在法國，有很多與雞蛋有關的諺語。

諺語	含義
把所有的雞蛋放在同一個籃子裡	把所有的錢用在同一件事情中
去煮一顆雞蛋吧	快走開，離我遠點
他甚至不會煮雞蛋	他什麼都不會做
在雞蛋上走路	非常謹慎地前進
宰掉會生金蛋的母雞	為了眼前的蠅頭小利而毀掉長久的大利益
不打碎雞蛋殼就不能做雞蛋餅	不付出就沒有回報
一顆雞蛋頭	一個傻瓜
會偷雞蛋的人也會偷一頭牛	不論偷到的東西價值有多少，其性質都是偷
就像雞和蛋一樣，不知從何開始	不知道是誰的責任

頭禿得像雞蛋一樣	腦袋上一根頭髮都沒有
給雞蛋剪毛	不可能實現的願望
裝得像雞蛋一樣滿	吃得很飽
把「某物」壓碎在雞蛋裡	從源頭消滅「某物」
當一顆雞蛋	當一個傻瓜
哥倫布的雞蛋	一個看上去很簡單，做起來卻很複雜的偉大成就

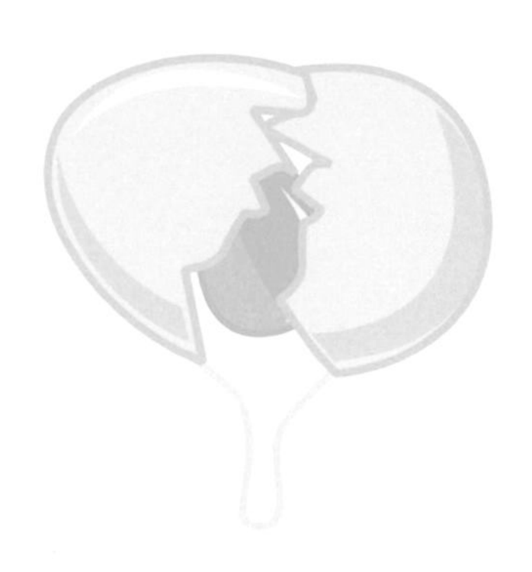

PART 2

吃雞蛋，有益健康

雞蛋是很多人的首選食品，因為它的營養非常豐富，並且成分均衡，是食物中的精品。

曾經在一段很長的時間裡，人們認為食用雞蛋會增加血液中的膽固醇含量，這使得不少營養學家主張限制雞蛋的食用數量，尤其是對於血膽固醇過高的人。但是，最近的科學研究推翻了這種說法，並證實雞蛋確實是一種成分全面且價格低廉的食物。

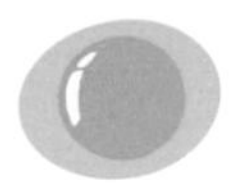

為何雞蛋是健康首選食物

雞蛋作為健康首選食物的依據，有以下幾種看法：

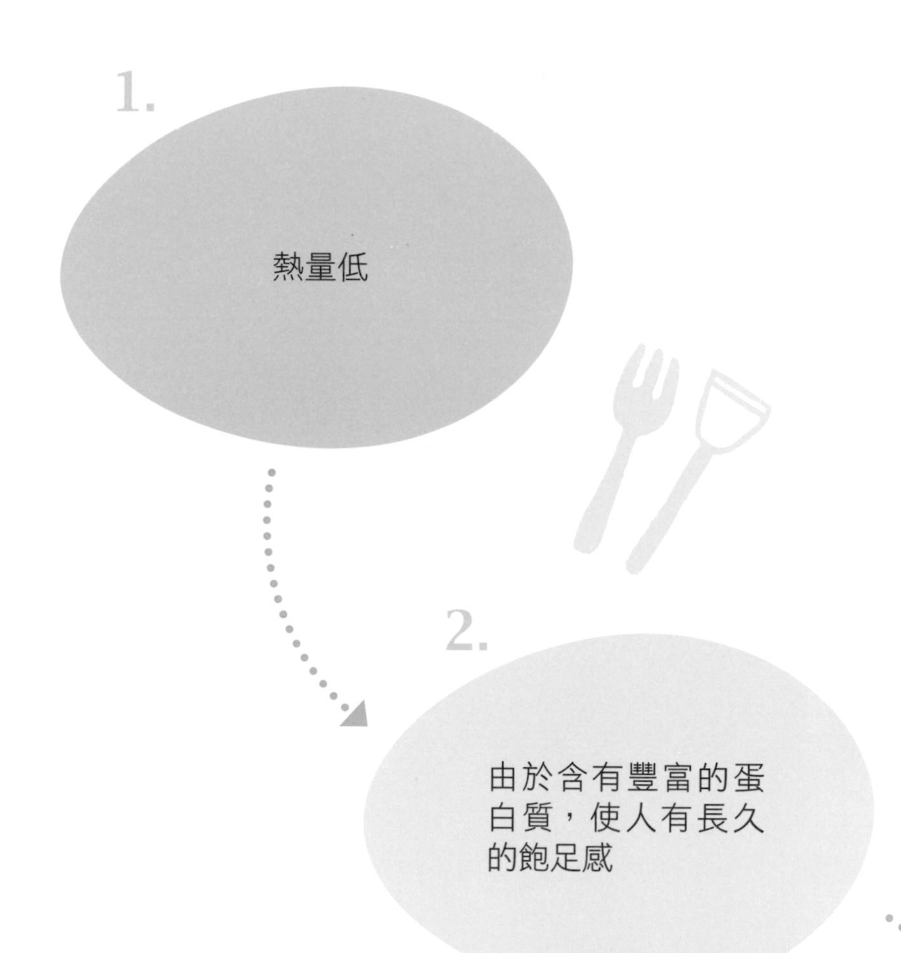

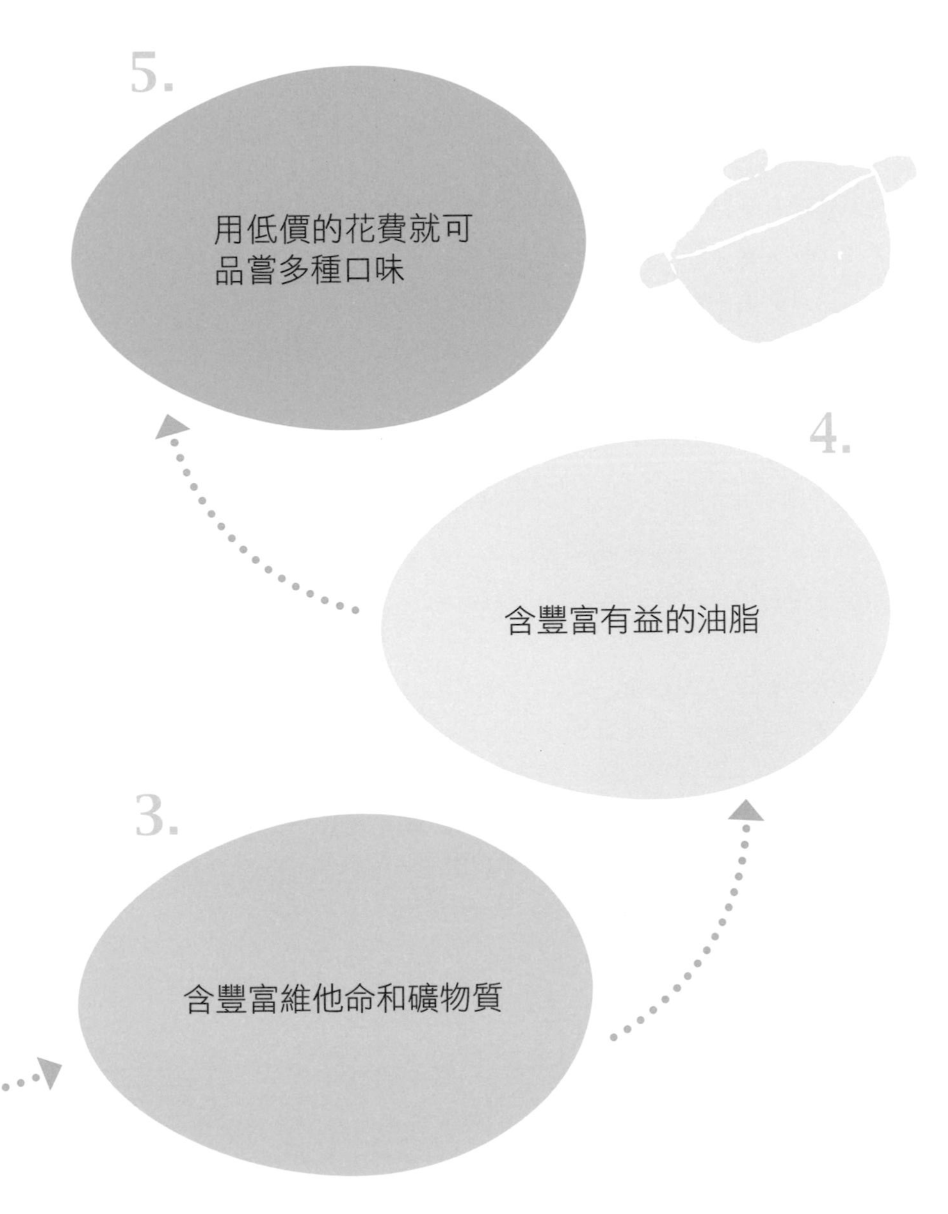
5.
用低價的花費就可
品嘗多種口味
4.
含豐富有益的油脂
3.
含豐富維他命和礦物質

適合各種年齡層

- **嬰兒、兒童和青少年：**他們都處於生長發育期，雞蛋的營養能促進其身體健康成長，更有助於大腦的快速發育。
- **運動員及體力或腦力勞動頻繁者：**雞蛋能為他們提供長久的能量。
- **孕婦：**懷孕的人更應該多吃雞蛋，因為雞蛋能為孕婦和寶寶提供所需的蛋白質和豐富的維他命及礦物質。
- **成年人、老年人：**對成年人和老年人來說，雞蛋也是優質的營養保健品。

一日三餐都可食用

早餐食用雞蛋，能為新的一天的開始提供能量，而且雞蛋能充飢，可避免在午餐前吃零食，從而防止發胖。

午餐或晚餐吃 2 顆雞蛋，就能代替肉類或魚類。用起司和雞蛋做一份炒雞蛋，再加上一份菠菜沙拉，這就是營養均衡的一餐。起司中含有充足的鈣質，新鮮的菠菜提供維他命 C，而雞蛋則能補足鐵元素。吃點雞蛋能驅趕飢餓，且不會帶來太多熱量；當然，不能沾著高熱量的蛋黃醬吃。建議可在冰箱裡放幾顆白煮蛋，煮熟的雞蛋能保存一星期，當餓得發慌時，只需拿出一顆，剝去蛋殼就可以吃啦！

早餐吃雞蛋是完美的選擇

不論是成人還是孩子，要精力充沛地開始新的一天，早餐吃雞蛋都是完美的選擇。事實上，蛋白質比醣類更充飢，它能長久地提供能量，這就有助於成人集中精力工作，而孩子們則能更好地學習。比起超市販售的廉價沖泡穀物，雞蛋是更好的選擇，那些廉價沖泡穀物的含糖量較多，蛋白質含量卻少得可憐。

雞蛋二三事

雞蛋的完美吃法

蛋黃最適合生吃，但如果把整顆雞蛋都生吃，卻也不好消化，因為不熟的蛋白不易吸收。最完美的吃法是把雞蛋放入沸水中煮到半熟，蛋白熟了，而蛋黃還是流動的。

雞蛋豐富的營養價值

全面的蛋白質

蛋白質是人體所必需的，它不僅為身體各個組織，如肌肉、皮膚、骨骼、頭髮、內臟等提供營養，同時還能形成消化酶、抗體及荷爾蒙。雞蛋的營養展現在其豐富的蛋白質含量上：2 顆雞蛋中的蛋白質就相當於 100 克肉類或魚類的蛋白質含量。蛋黃和蛋白裡的蛋白質含量幾乎相等。

雞蛋還有一個優點，就是其所含有的蛋白質非常全面。事實上，蛋白質是由 23 種不同的胺基酸所組成，其中有 9 種生命必需的胺基酸是人體無法自行產生的，需要從食物中攝取，而雞蛋就含有這 9 種胺基酸，它們分別是：纈胺酸、亮胺酸、異亮胺酸、蘇胺酸、組胺酸、色胺酸、苯丙胺酸、甲硫胺酸、賴胺酸。因此，雞蛋被營養學家認為是提供蛋白質最理想的食物，且相比於乳製品、家禽、起司和紅肉而言，雞蛋的價格較低。

另外，在蛋白中，每種蛋白質都有各自的作用，某些蛋白質能使蛋白變得鬆軟，某些能使雞蛋即使處在炎熱環境中也能凝固成固體，還有一些則能使雞蛋呈明膠狀。

大量的維他命

雞蛋裡含有大量的維他命，特別是維他命 B 尤其豐富，同時也含有大量的維他命 A、D、E 和 K。由於這些維他命基本都處在蛋黃中，因此能被很好地保存。 但水果蔬菜的情況就不同了，大部分的維他命會在貯藏或烹飪中流失。

雞蛋中含有的主要維他命

名稱	說明
維他命 B_{12}	這種維他命參與製造紅血球、養護神經細胞和骨骼細胞的工作。一顆雞蛋就含有一個成人每天所需的維他命 B_{12} 的一半。
維他命 B_5 （泛酸）	它能促進皮膚生長、增強皮膚的抵抗力，並且參與醣類、脂類和蛋白質的新陳代謝。一顆雞蛋含有人體日常所需的維他命 B_5 的20%。
維他命 B_2	它參與細胞的新陳代謝，有助於人體組織的生長和復原，同時也生產荷爾蒙中的血紅球。一顆雞蛋含有人體日常所需的維他命 B_2 的15%。
維他命 B_9 （葉酸）	這種維他命生產並養護新生細胞，並能預防懷孕初期的胎兒畸形。一顆雞蛋含有人體日常所需的維他命 B_9 的15%。
維他命D	它能促進鈣的同化，能堅固牙齒與骨骼。維他命D在免疫系統中也起到重要的作用。雞蛋是少數天生就含有維他命D的食物。一顆雞蛋中含有人體日常所需的維他命D的15%。
維他命E	是一種重要的抗氧化劑，它能抵抗人體組織變老。一顆雞蛋中含有人體日常所需的維他命E的15%。
維他命A	它能促進骨骼和牙齒生長、有助於保護皮膚和視力。一顆雞蛋中含有人體日常所需的維他命A的10%。
維他命K	它是促使血液凝固的必需物質。一顆雞蛋裡含有人體日常所需的維他命K的10%。

※ 可參考附錄一：一顆普通雞蛋的營養價值（p.122）

礦物質和微量元素的混合體

雞蛋裡也含有豐富的礦物質和微量元素。

雞蛋中含有的礦物質及元素

硒, Se
(Selenium)

它與維他命E組合能共同抵抗人體組織老化，能抵禦多種癌症，前列腺癌、肺癌、心血管疾病及白內障。在免疫系統及甲狀腺機能中有重要作用。一顆雞蛋的硒含量占人體日常所需的硒元素的1/3。

磷, P
(Phosphorus)

參與人體組織的化學反應，尤其有助於牙齒和骨骼的形成，並維護其健康。在礦物質中，其對人體的重要性僅次於鈣質。一顆雞蛋裡約含有人體日常所需的磷元素的6%。

鐵, Fe
(Iron)

它為細胞提供氧氣並防止貧血。一顆雞蛋中含有女性日常所需的鐵元素的6%、男性日常所需鐵元素的10%。雞蛋中含有的鐵質就像紅肉中所含的鐵質一樣容易被人體吸收。

碘, I
(Iodine)

它參與甲狀腺分泌荷爾蒙的過程。一顆普通雞蛋約含有人體日常所需的碘元素的17%。

※ 可參考附錄一：一顆普通雞蛋的營養價值 (p.122)

Q&A
蛋黃還是蛋白？

Questions

Q1. 以下何者含有更多的維他命和礦物質？

A. 蛋黃 | B. 蛋白

Q2. 以下何者含有更多的蛋白質？

A. 蛋黃 | B. 蛋白

Q3. 以下何者含有更多的膽固醇？

A. 蛋黃 | B. 蛋白

Q4. 以下何者含有更多的鐵元素？

A. 蛋黃 | B. 蛋白

Q5. 以下何者質量較重？

A. 蛋黃 | B. 蛋白

Answers

Q1.

A. 蛋黃，整顆雞蛋中幾乎所有的維他命和大多數的礦物質都存在於蛋黃中。

Q2.

B. 蛋白中的蛋白質含量比蛋黃稍多。

Q3.

A. 蛋黃，它含有整顆雞蛋中全部的脂類及膽固醇，蛋白中不含有脂類。

Q4.

A. 蛋黃，雞蛋中幾乎全部的鐵元素都存在於蛋黃中。

Q5.

B. 蛋白，其重量占雞蛋總重量的 2/3。

其他稀有成分

雞蛋裡還蘊藏著一系列非常有益身體健康的其他稀有成分。

抗氧化劑

葉黃素和玉米黃質，這兩種物質存在於蛋黃中，正是它們使蛋黃呈現黃色。在人體中，這兩種物質堆積於視網膜的黃斑區，讓人得以區分顏色、看清細節。它除了能保護視力，還能抵抗紫外線，同時預防因眼睛老化而形成的病變，如白內障和黃斑部病變。它們還協助人體對抗自由基，以減少心血管疾病的患病率。

膽鹼

它對大腦的發育和運作具有重要的作用。一顆大雞蛋裡約含有 215 毫克的膽鹼，幾乎相當於一個成人每天所需攝入的膽鹼量的一半。膽鹼對兒童大腦的生長發育也很有幫助。

雞蛋二三事

雞蛋與製藥產業

雞蛋的抗菌性，讓製藥產業開始關注。某些產品，比如眼藥水、牙膏及喉糖都含有雞蛋成分。同樣地，蛋白也被用於製藥產業，因為它的螯合作用能使礦物質在人體內流通。

自上世紀三十年代起，雞蛋還被用於製造疫苗。在法國，黃熱病、腮腺炎和流感的疫苗都是以雞蛋為基本原料。有些大型牧場甚至專門為製藥公司提供無菌雞蛋。

雞蛋食用宜忌

雞蛋和膽固醇

曾經有很長一段時間，一些營養學家並不看好雞蛋，因為蛋黃裡含有膽固醇，且雞蛋是膽固醇含量最多的食物之一。於是，血膽固醇過多的病人，被認為不宜食用雞蛋。但最近的一些研究表明，雞蛋中的膽固醇含量對血液中膽固醇比率的影響微乎其微。事實上，人體中只有 20% 的膽固醇來自於食物，其餘膽固醇都是人體自身合成的。要抵抗膽固醇，最好少攝入飽和脂肪酸，它們主要存在於動物脂肪中，比如肉類，而雞蛋中的飽和脂肪酸含量僅為 3.3%。

現今，專家們都認為雞蛋與心血管疾病之間並沒有必然聯繫，甚至恰恰相反，因為雞蛋中含有大量有益脂肪——不飽和脂肪酸，它們占雞蛋中脂類總含量的 2/3。雞蛋裡含豐富 Ω6 不飽和脂肪酸，其次是 Ω3 不飽和脂肪酸。根據某些學說，食用含豐富 Ω3 不飽和脂肪酸的食物能降低膽固醇含量。因而，保持身體健康最重要的是飲食平衡，多吃水果蔬菜，少吃有害脂肪，如肉類和隔夜菜。

含豐富 Ω3 不飽和脂肪酸的雞蛋

如今，在超市的櫃台裡，人們能看到含豐富 Ω3 不飽和脂肪酸的雞蛋，食用這種雞蛋能預防心血管疾病。生產這些雞蛋的母雞長期食用添加了亞麻籽的飼料，因為亞麻籽裡含有豐富 Ω3 不飽和脂肪酸。長期食用這種特殊飼料的母雞，比食用普通飼料的母雞能生產出含有更多 Ω3 不飽和脂肪酸的雞蛋。

每天食用多少顆雞蛋才合適

身體健康的人每天食用一顆雞蛋，完全不會增加患心血管疾病的概率。高膽固醇人群或者糖尿病人每週食用雞蛋的數量不宜超過 3 顆。儘管美國心臟保護協會認為，血膽固醇過多的人群也可以每天食用一顆雞蛋，但條件是，他們必須限制其他飽和脂肪酸的攝入量，如少吃紅肉、起司、奶油、牛油等。

 雞蛋與食物過敏

雞蛋容易引起食物過敏，在多數情況中，是蛋白導致過敏反應，但由於要把蛋黃和蛋白百分百地分離開來是不可能的，因此對蛋白過敏的人不宜食用雞蛋，哪怕只是蛋黃。

雞蛋過敏會出現一些不同的症狀，腸胃症狀：腹瀉、嘔吐、腹痛、口腔針刺感等；呼吸症狀：哮喘、鼻炎、咳嗽、噴嚏等；皮膚症狀：濕疹、蕁麻疹、紅斑、搔癢等。最嚴重的雞蛋過敏，可能導致死亡。

雞蛋過敏主要發生在兒童身上，它的發生率占兒童食物過敏的 30%。在多數情況下，雞蛋過敏出現在 1 ～ 5 歲的孩子中，但有些年齡更大的孩子，甚至成人都有可能對雞蛋過敏，在成人中，雞蛋過敏的發生率占 7 ～ 8%。

防止雞蛋過敏的措施

- 停止食用雞蛋。要使兒童的雞蛋過敏症狀消失，這是必須的手段。

- 提防工業食品。很多工業食品中都含有雞蛋成分，不論是蛋黃還是蛋白，例如豬肉食品、麵包、餡餅、調料、餅乾、奶酥麵包、糖果等，食用前要仔細閱讀成分標籤。同時還需知道雞蛋有好幾種名稱，如動物性蛋白、白蛋白、卵球蛋白、球蛋白、卵磷脂、蛋黃素等，一般來説，在食物標籤上要避免含有「ovo」或「albumine」的單詞。

- 某些工業產品即使不直接含有雞蛋成分，也很可能接觸過雞蛋。這種情況有時會在產品標籤上註明，比如：本產品是在有使用雞蛋的工廠裡加工製作、本產品可能含有雞蛋餘留物。

- 在某些洗髮液、肥皂、沐浴露、藥品、疫苗、油漆中也含有雞蛋成分，因此，在就醫配藥時，需要跟醫生說明雞蛋過敏情況。

禁食雞蛋要諮詢醫生

只有醫生能決定是否有必要禁止雞蛋過敏者食用雞蛋。因為一些研究表明，偶爾食用熟雞蛋能夠幫助解除兒童的雞蛋過敏症狀。

雞蛋是食物中的優先選擇，如果完全不食用雞蛋，可能導致營養缺乏。所以最好諮詢醫生或營養學家，以便找出能代替雞蛋的食物。（食譜可參考 7-1 的烹飪手法）

什麼樣的雞蛋易於消化

半熟的雞蛋最容易消化，煮到蛋白凝結而蛋黃仍然流動時食用最佳。因此，燉雞蛋、軟雞蛋和水煮荷包蛋最容易消化吸收。

嬰兒食用雞蛋的原則

為了避免雞蛋過敏，建議 7 個月以上的嬰兒才可以開始吃熟蛋黃，12 個月以上的嬰兒才可以食用熟蛋白。所以要謹慎選擇給嬰兒吃的小餅乾，甚至有些專門為嬰兒製作的食物配方裡也可能含有雞蛋。如果父母中有一方對雞蛋過敏，嬰兒進食雞蛋的時間就要往後延。

雞蛋與食物中毒

生雞蛋中可能隱藏著一些會導致食物中毒的物質，最常見的就是沙門氏桿菌，主要是由沙門氏菌引起的。這種細菌感染通常會引起發燒、腹瀉、腹部抽筋、嘔吐等症狀。在大多數情況中，病人不需要特殊治療就能自動康復，但有時若腹瀉太嚴重就需要使用抗生素。這種食物中毒對於老年人、孩子及孕婦尤其可怕，因此在食用雞蛋時要注意衛生和熟度

PART 3

雞蛋的選擇和貯存

站在超市的雞蛋架前，人們往往不知道該如何選擇雞蛋，幸好，雞蛋是畜牧產品中管理得最規範、最標準化的一種。對消費者來說，雞蛋是資訊最透明並且最有可追溯性的產品之一。

只需要閱讀雞蛋包裝盒上的標籤或者查看一下雞蛋殼就可以獲悉雞蛋的大小、母雞的飼養方式、產地等資訊了，關鍵是要學會如何解讀這些資訊。

識別標註資訊

雞蛋包裝盒上的資訊

在雞蛋的包裝盒上可以看到不少有用的資訊。

保鮮期

在標註的保鮮期限之外，雞蛋的品質就不能得到保障了，雞蛋的最後保鮮期限是母雞產卵後的第 28 天。這個資訊很重要，因為需要根據雞蛋的新鮮程度來選擇烹飪方式。保鮮期往往直接標註在雞蛋殼上。（編按：台灣通常標註在外盒上）

特級 extra ／特別新鮮 extra-frais

當雞蛋包裝盒上標註了以上字樣時，這種雞蛋必須在產下後的 9 天之內食用完。包裝盒上還會註明產卵日期和 9 天之後的保鮮期限。

農場新鮮雞蛋／特別新鮮大雞蛋

對於外包裝上寫著以上字樣的奇特標註時，一定要謹慎選擇，因這種模糊標註並沒有標明母雞的飼養方式或新鮮等級。只有雞蛋殼上的數字代碼和保鮮期，才能準確對應詳細的管理標準。

雞蛋二三事

雞蛋的大小

雞蛋根據體型大小被分成 4 類：

S

小雞蛋
重量小於 53 克

M

中等雞蛋
重量在 53 ～ 63 克之間

L

大雞蛋
重量在 63 ～ 73 克之間

XL

特大雞蛋
重量大於 73 克

※ 相關資料請參見「附錄二」(p.124)

雞蛋殼上的代碼（適用於歐洲）

為了便於消費者選擇雞蛋，自 2004 年 1 月 1 日起，歐洲食品管理條例規定雞蛋生產商必須在每顆雞蛋殼上標註一個代碼。這個代碼包含不少資訊。

例如，一顆雞蛋殼上標註了代碼「0FRFSK01」。

第一個數字表示母雞的飼養方式：目前存在著四大種類的飼養方式分別用數字 0 ～ 3 表示。

代碼	說明
0	表示天然綠色農業飼養
1	表示野外放養
2	表示地面飼養
3	表示籠養或集中籠養
紅色標籤	另有一種特殊的「紅色標籤」，僅存在於法國

※ 這些數字的詳細涵義請參見「附錄二」(p.124)

上例中的第一個代碼 0，就表示天然綠色農業飼養；第一個數字之後的 2 個字母指雞蛋的生產國，此代碼中為 FR，這個標記指法國。其他另有 BE 表示比利時，CH 表示瑞士，DE 表示德國等。

接下去的數字或字母表示生產商編號，甚至有時還會標明產蛋窩的編號。這樣就最大化地增強了產品的可追溯性，當遇到雞蛋食用衛生問題時，人們就可以輕易地追溯到源頭。

當雞蛋生產商直接向顧客出售雞蛋時，蛋殼上的代碼不是必須的。但在其他情況下，此代碼均被強制要求，哪怕是一些小零售商在菜市場裡散裝出售雞蛋也是如此，不管裝雞蛋的籃子多麼漂亮，蛋殼上的代碼都必須存在。

A 類／B 類雞蛋

A 類：超市裡出售的雞蛋都屬於 A 類。

B 類：這些雞蛋等級略低，因其往往有裂痕或污跡，但還是衛生的，可以放心食用。B 類被用於農產食品加工業，用於製作跟雞蛋相關的食品或用於餐飲行業。

 是否為天然放養

雞蛋是一種天然產物，因此就像所有天然產物一樣，它們的品質取決於生產條件。在此介紹法國對雞蛋品質的標示。

代碼的含意

「0」標籤

確保是天然綠色產品的雞蛋，生產這些雞蛋的母雞，生活環境和飼養狀況都是有保障的，因此產出的雞蛋品質也優等。

「AB」標籤

保證母雞是天然放養的，每隻母雞至少有 4 平方公分的活動空間。飼料是天然的，即至少 90% 是純天然的，65% 是穀物。只有在特別緊急的情況下才對母雞使用抗生素。在室內，同一個雞舍裡最多容納 4500 隻母雞，1 平方公分內不容納超過 6 隻母雞。人工照明設備每天至少熄滅 8 個小時。

「自由行動（Libre parcours）」標籤

用以補充「AB」標籤，它保證每隻母雞的活動範圍超過 10 平方公分。

「天然飼養（Nature et Progres）」標籤

保證在每個雞舍裡不能容納超過 4000 隻母雞，在室內，每 1 平方公分的範圍內不能超過 5 隻母雞，在室外，每隻母雞有 10 平方公分的活動空間。飼料必須是 100% 純天然。禁止對牠們使用合成維他命，牠們的喙不能被切割，不能接種疫苗。

「得墨忒耳（Demeter）」標籤

即「大地和豐收女神」標籤，所保證的條件更嚴苛。保證每隻母雞在室外擁有超過 50 平方公分的活動空間，飼料是 100% 純天然的，其中 70% 是生物機能的，即飼料來自天然有機農業，產出飼料的土地肥沃，周邊環境優美。母雞在白天必須沐浴天然光照，人工照明設備每天至少熄滅 10 小時。母雞的喙不能被切割。

雞蛋二三事

台灣雞蛋的 CAS 認證

在台灣，消費者可選購有標示 CAS 台灣優良農產品認證的蛋品。

如何辨別 CAS 生鮮蛋品

- 選擇產品標示上有 CAS 標章者。
- 選擇包裝完整、無使用騎釘（應使用縫線及密封）。
- 選擇標示明確者，產品之單一零售包裝上應清楚標示出：
  （1）品名 （2）重量（3）有效日期 （4）保存條件（5）廠商名稱、地址及電話。

CAS 生鮮蛋品保存方式

- CAS 生鮮蛋品於 25℃以下可保存 14 天；惟仍建議消費者購買後立即貯放於冰箱冷藏，保存期限可達 4 週以上，保存時應將鈍端朝上。
- CAS 殺菌液蛋應依產品特性冷藏（7℃以下）或冷凍（-18℃）保存，並在產品標示之有效日期內使用完畢。

※ 資料來源：www.cas.org.tw（財團法人台灣優良農產品協會）

不人道的集中籠養母雞

現今在法國，有 80% 的母雞是被集中籠養的，代碼為 3。這些母雞產出的雞蛋，直接或間接地被人們消費，如被加工製造成麵條、調味品、糕點等。

自 2012 年 1 月 1 日起，歐洲有一項新的標準規定：每隻籠養的母雞必須至少有比一張 A4 紙稍大的 750 平方公分的生活空間，這個空間比以往要大些，以前每隻母雞只有相當於 2 張地鐵票大小的空間！但很多動物保護組織，如世界農場動物保護組織 PMAF 和動物自由飼養組織 L214 仍然認為，750 平方公分的空間還遠遠不夠大。

新的標準還規定，飼養者必須給每個雞籠配備巢穴、棲息處、糞便槽等，但是 L214 組織仍然認為：「母雞的生存條件依舊非常悲慘，很多母雞擠在籠子裡不能出去。」該組織去過多個飼養場進行實地調查，發現巢穴只是在籠子的一角用鐵欄圍出的一小塊空間，上面鋪著幾片塑膠。地面飼養或者野外放養對動物來説會更舒適些。

某些農產食品加工業的巨頭聯合起來抵制農場生產類雞蛋，消費者們也應該這樣做，才能真正有效地保護動物。

※ 更多的資訊請查詢網站：www.oeufs.org

雞蛋二三事

你知道嗎？在發達國家，每個人年平均消費 240 ～ 300 多顆雞蛋，這差不多是一隻母雞的年產蛋量。在工業化養殖的條件下，一隻母雞一年能產蛋 300 顆，而天然放養的母雞每年產蛋 200 顆。

雞蛋的貯藏

雞蛋是一種容易變質的產品，正確地貯藏雞蛋，以及在保鮮期限內食用雞蛋非常重要，不然有可能導致食物中毒！

如何貯藏雞蛋

1. 雞蛋需要放入冰箱冷藏：

常溫保存的雞蛋，在一天時間裡變質的速度比在冰箱裡冷藏一週的變質速度要快很多。可惜的是，在超市裡，雞蛋常常沒被放進冷凍櫃；所以在選購雞蛋時，請盡量選擇距離保鮮期久一些的雞蛋。

2. 把雞蛋留在雞蛋盒裡貯藏：

雞蛋盒能保護雞蛋不受到冰箱裡其他食物氣味的影響。因為雞蛋殼上遍布無數個小孔，它們能吸收氣味。且以雞蛋盒貯藏，可隨時查看蛋盒上的保鮮期。

3. 把雞蛋放在冰箱隔層裡：

不要放到冰箱側門上。因為隔層裡的氣溫更恆定。

4. 貯藏雞蛋時要把尖的一頭朝下放：

雞蛋生產商就是這樣在雞蛋盒裡存放雞蛋的。因為尖頭朝下，蛋黃就能處在正中央，而氣室也不會受到壓迫，能延長雞蛋的存貯時間。

5. 在把雞蛋放入冰箱之前不要清洗：

因為蛋殼上有一層天然物質，能保護雞蛋免受某些細菌，如沙門氏菌的侵擾。如果想清洗，請等到最後烹飪前才清洗。

6. 請確認蛋殼沒有縫隙：

請確認蛋殼沒有縫隙。不然保存時間會大大縮短。

雞蛋二三事

用剩的蛋黃或蛋白

剛做了奶油夾心蛋白餅，還剩下一些蛋黃，或者剛用蛋黃做了一個蛋糕，還剩下一些蛋白，要知道，蛋白和蛋黃分離後最多只能保存 2 天，為避免蛋黃乾枯，可在蛋黃上面灑一些水，在使用之前把水去掉就可以了。（如果想利用剩餘的蛋黃或蛋白，參見第 96、97 頁）。

雞蛋可以存放多久？

雞蛋的保鮮期限是母雞產卵後的 28 天。但要知道，雞蛋越新鮮，烹飪的方法也就越多，越不新鮮，就越需要長時間蒸煮以避免食物中毒。

1～9 天

為特別新鮮的雞蛋，可直接生食，如把蛋黃做成蛋黃醬，或把蛋白打成蛋白霜做巧克力慕斯，或者只需略微烹飪一下（例：帶殼溏心蛋、蒸蛋或水煮荷包蛋等），即可食用。

9～14 大

可用於只需快速烹飪的作法，比如煎荷包蛋或烤雞蛋。

14～21 天

可用於需要稍長烹飪時間的作法，如歐姆蛋。

21～28 天

需要長時間烹飪，如硬雞蛋（白煮蛋）、蛋糕、調味料等。

雞蛋烹飪注意事項

為避免食物中毒，需要注意以下幾點：

- 不吃產卵 28 天之後的雞蛋。
- 不吃有裂縫的雞蛋。
- 在食用前要清潔雞蛋以消除細菌，但最好不要用水清洗，因為雞蛋殼是透水的，建議用濕潤的紙巾擦拭。
- 如果雞蛋不夠新鮮，請不要生吃。
- 雞蛋或以雞蛋為主原料的菜最好儘快吃完，或者放進冰箱冷藏，並且在 3 ～ 4 天之內吃完，完全煮熟的雞蛋最多可冷藏一星期。

蛋黃裡有紅斑

有時候可能會在蛋黃中發現一些小紅斑，這些紅斑是雞蛋在成形過程中小血管斷裂所造成的，這是衛生的，不會對健康造成任何問題。

雞蛋是否可以冷凍

如果遵循以下幾條規則，雞蛋完全可被冷凍。

- 將幾顆完整的雞蛋去殼打成糊狀，然後盛進密封容器裡，加蓋放進冰箱的冷凍室。
- 若只剩下幾顆蛋白，可先輕輕攪勻，放進帶蓋的密封容器裡，也可放到大容量的方格製冰盒中，一個空格放一顆雞蛋的蛋白；或者，裝進用於盛裝嬰兒副食品的冷凍盒（分好幾格的那種）內，這樣在食用之前，就不用把它們全部解凍，而只要解凍需要的量。
- 若只剩一些蛋黃，就把其攪拌均勻，再放鹽或者糖，避免蛋黃完全凍結。平均每四顆蛋黃裡放一大撮鹽或半匙糖。

※ 按照以上方法去做，雞蛋糊能保存 4 個月之久。

雞蛋二三事

實用錦囊

- 在包裝盒上註明雞蛋、蛋白或蛋黃的數量，及放進冷凍室的時間。
- 解凍時不要置於常溫，而是把雞蛋糊從冷凍室轉移到冷藏室，以避免細菌感染。也可以用冷水沖洗的方法解凍。
- 一旦解凍後，雞蛋糊要儘快食用。
- 解凍後的雞蛋糊必須完全煮熟方可食用。

PART 4

雞蛋與家居

雞蛋不光可以食用，還可用於清潔庭院裡的塑膠桌椅和皮具，保護浴室裡的瓷磚，以及滋養菜園的土壤。

此外，還有一些特殊用途，比如用雞蛋殼製作蛋殼畫、復活節彩蛋、調顏料……記得，別隨便丟棄雞蛋殼，雞蛋一身都是寶！

家居清潔

恢復鍍金木框光澤

美麗的鍍金木框漸漸失去光澤了嗎？那就用蛋白來恢復其光彩吧！將蛋白 1 顆量和幾滴醋混合，用刷子或布片沾取混合物，塗抹到鍍金木框上，晾乾後用毛刷擦拭乾淨。

清潔玻璃瓶

聽說過用粗鹽清洗玻璃瓶的方法吧？用同樣的方法，也可以用碎蛋殼清洗玻璃瓶。把蛋殼搗成較大的碎片，放入要清洗的玻璃瓶中，加一些水，然後搖晃瓶身數次，最後用水沖洗。

擦拭皮革

只需用蛋白就可以使皮鞋、皮包、皮沙發和皮夾克煥然一新。把蛋白快速攪勻，取一塊羊絨布浸潤蛋白然後擦拭皮具，即刻煥發光澤！

保養銅器

蛋白可用於保養銅器。將蛋白 3 顆、粗鹽 500g、檸檬汁 1 顆量、白醋半杯和麵粉 2 匙放到大碗裡攪勻，取一塊抹布浸潤混合物後擦拭銅器。避免擦拭鐫刻處，以免混合物殘留在空隙裡。

 去除咖啡漬

美麗的瓷質咖啡壺或咖啡杯沾滿了咖啡漬，用雞蛋殼來恢復其色澤吧！如果桌布也沾上了咖啡漬，也可用雞蛋來處理，只不過這一次用的是蛋黃。

- **除去餐具上的咖啡漬：**先將餐具浸泡在摻了一大杯白醋的水中，再放入少許搗碎的雞蛋殼。
- **清除布料上的咖啡漬：**將蛋黃 1 顆放入溫水中攪勻，用乾淨的抹布沾取一點蛋黃水塗抹到咖啡漬上，待其停留幾分鐘後，用溫水沖淨。

 延長油鍋壽命

想要延長油鍋的使用壽命嗎？用蛋白就可以去除油鍋裡沉積的碎屑。食用油倒入油鍋加熱，再放入蛋白 1 顆，用刮刀貼著蛋白刮一圈油鍋，那些小碎屑就會附著在蛋白上，最後清洗一下油鍋就完成了。

 去除羊毛污漬

要除去羊毛織物上的污漬並不容易，因為羊毛織物很脆弱，但是，有一個方法既簡單又高效。只要在清洗羊毛織物前，把蛋白塗到污漬處，停留 10 ～ 15 分鐘後用冷水沖洗即可。

清潔亞麻地毯

要使亞麻地毯煥發光彩，試試這個方法吧，比市面上買的洗滌產品經濟實惠。將蛋黃（1顆量）以叉子攪勻，倒入裝有半升水的桶裡混合均勻，用拖把沾取這種混合物後拖地。

清潔塑膠製品

冬季過後庭院裡的白色塑膠桌椅變灰暗了，用蛋白來恢復其光澤吧！把蛋白2～3顆快速攪成膠狀，用刷子沾取後刷到塑膠桌椅表面，等蛋白變乾後用抹布擦淨。

※ 注意：在用蛋白塗抹之前，先用熱肥皂水擦洗塑膠表面洗去灰塵。

雞蛋二三事

清理雞蛋漬

- **雞蛋打碎在地板上：**在打碎的雞蛋上撒些鹽就比較容易撿起雞蛋了。
- **消除雞蛋漬：**不要把沾有雞蛋漬的布料放到熱水下沖洗，這樣會把雞蛋煮熟，污漬反而會更加明顯。可用沾了白醋水的乾淨抹布揩拭，再以冷肥皂水搓洗後，丟進洗衣機清洗。

實用小物製作

膠水

用蛋白和蛋殼可以製成高效的膠水。這種膠水 100% 純天然，可用於孩子的手工製品。把蛋白 1 顆和適量蛋殼放進食物攪拌器裡攪勻，直至混合物呈膠狀即成。這種膠水可以在密封罐裡保存多日。

鑲嵌藝術木盒

蛋殼是製作鑲嵌畫的完美材料，比如可鑲嵌在小木盒上做裝飾，孩子們不妨在下雨的週末用蛋殼做鑲嵌工藝品。

收集一些蛋殼，一顆雞蛋的蛋殼約可覆蓋 10×10cm 的面積，用刷子在木盒上刷一層木膠，把一片蛋殼放到木膠上，用手指或小勺子輕輕壓碎，蛋殼就會黏著在木盒上，以同樣的方法覆蓋整個木盒。放置至少一天，再用馬賽克專用膠泥填補蛋殼間的縫隙，晾乾後用水洗去多餘泥膠，最後塗上清漆。

復活節彩蛋

裝飾雞蛋是復活節的傳統，不妨和孩子們一起親手製作吧。在雞蛋兩端各刺一個小洞，往裡面吹氣以清空蛋白和蛋黃，晾乾蛋殼，然後用顏料、彩色筆和小貼紙來裝飾彩蛋。

也可用天然染色劑將雞蛋著色，不需要清空蛋黃蛋白。把整顆雞蛋放入加有食用染料的水中浸泡 45 分鐘至 1 小時。或可在水中加入一些特殊材料，如洋蔥皮（會有漂亮的紅褐色）、甜菜（呈金黃色）或香料，如桂皮、薑黃、辣椒等。

※ 若要使雞蛋直立不歪倒，可放至塑膠瓶蓋上。

增強吸盤式掛鈎

吸盤式掛鈎用於廚房，可以掛抹布；用於浴室，可用來掛毛巾，使用方便。可是，要使吸盤式掛鈎吸上去後不掉下來，就不那麼簡單了。有一個簡單的方法可增強吸力：在吸盤上塗抹一點打勻的蛋白，就能牢牢地吸附了！

雞蛋顏料

用雞蛋上色，是水彩畫的一項基本技巧，這項技術最早被埃及人使用。最初，水彩畫顏料是以蛋黃或整顆雞蛋為基礎的，雞蛋有乳化作用，能把色素黏結起來。

※ 記得不可混入水彩畫顏料和以水為基礎的膠畫顏料。

植物營養水

煮完雞蛋後剩下的水不要倒掉，等水變涼後，可用來澆灌綠色植物。其含豐富礦物質，特別是組成蛋殼重要成分的鈣質。

植物用柵欄

要保護種植的植物免受蛞蝓和其他小昆蟲的侵擾，可用雞蛋殼圍成一個柵欄，使蛞蝓不能通過。別再扔掉雞蛋殼，把它們捏碎散布在種植的植物周圍吧。

培植秧苗

不要把打開成兩半的雞蛋殼扔掉，裝雞蛋的硬紙盒也別丟，它們可以作為小花盆來培育花卉的秧苗。在半個蛋殼的圓頂處穿一個小排水孔，放到雞蛋盒子的凹槽中，等秧苗足夠粗壯時連同秧苗一起轉移到泥土裡，輕輕捏碎蛋殼，化為優質肥料。

也可以直接在盛雞蛋的紙盒中裝入腐殖土，整個埋入泥土中，紙盒會很快腐爛。

PART 5

雞蛋與美容

雞蛋，尤其是蛋黃，是皮膚和頭髮的保護傘。常吃雞蛋能使皮膚和頭髮保持美麗及營養均衡。雞蛋中的維他命A能使皮膚變得柔軟結實，維他命B群則能保持頭髮健康有光澤，且還能在皮膚和頭髮表面形成一層保護膜。

蛋黃也能呵護頭髮，對於細長且易斷的頭髮尤其有效。蛋黃含豐富天然表面活性劑，就像蛋白一樣，也可以被用於製作乳液。以雞蛋為原料，可自製洗髮精，市面上的很多洗髮精都以雞蛋為基礎。

蛋白因含豐富天然乳化劑和溶菌酶而具有清潔淨化作用。蛋白能吸收油性皮膚裡的油垢並緊緻毛孔，還有消除黑眼圈和平緩皺紋的功效；和蛋黃一起使用，可以有效護理頭髮，使頭髮光滑有營養。皮膚與頭髮的健康美麗，跟人吃的食物息息相關。想要保養好頭髮，需要注意飲食的豐富性和平衡性。

護理細軟頭髮

太細軟的頭髮不易梳理，以雞蛋為原料的護理液能使頭髮變得強韌。

方法 1

取一碗，加入蛋黃 1 顆、純乳酪 3 匙攪拌均勻，塗到濕潤的頭髮上，再用一條熱毛巾包裹頭髮 20 ～ 30 分鐘，以溫水沖洗乾淨。

方法 2

把雞蛋 1 顆和純乳酪 3 匙攪混，用同樣的方法熱敷，可使髮絲變粗。

※ 不論是用雞蛋自製洗髮精還是護理液，應避免使用太熱的水，不然雞蛋會被燙熟。

滋養乾燥脆弱頭髮

用雞蛋做護髮素時加入植物油，能為乾燥、受損的頭髮提供滋養。

方法 1

蛋黃 1 顆和植物油 3 匙放到碗裡攪拌均勻，敷到濕潤的頭髮上，用一條毛巾包裹頭髮 20 ～ 30 分鐘後，先以溫水清洗，再用洗髮精洗淨。

方法 2

還可把蛋黃 1 顆和酪梨 1/2 顆攪勻，再加入橄欖油，塗抹到濕潤的頭髮上，用熱毛巾裹頭約 20 ～ 30 分鐘後，以溫水沖洗，最後用洗髮精洗淨。

方法 3

若想要一併修復受損的頭髮，可在以上原料中再加入純乳酪 1 匙和蜂蜜 1 茶匙。

※ 建議選用營養豐富的植物油，如酪梨（牛油果）油和摩洛哥堅果油。

暗淡頭髮添光澤

雞蛋還能給暗淡的頭髮增添光澤。

方法

如果頭髮乾燥易斷，可把蛋黃 1 顆、蜂蜜 1 匙放到碗裡攪拌，若有需要，可再加一點清水。把混合物敷到濕潤的頭髮上，用熱毛巾裹頭 20 ～ 30 分鐘，再以溫水沖洗，最後用洗髮精洗淨。

※ 若頭髮為中性或偏油性，可改用打勻的蛋黃 2 顆敷在濕潤頭髮上。

 雞蛋自製洗髮精

由於含有天然表面活性劑的成分，雞蛋可用來自製洗髮精，根據不同的髮質加入不同的成分。

方法

把雞蛋 1 ～ 2 顆（雞蛋的量視頭髮長度而定）放入碗裡攪勻，再根據不同髮質加入不同材料：

油性髮質者
加入檸檬汁適量

乾性髮質者
加入植物油 1 匙，如核桃油、酪梨油、橄欖油等

頭髮細長者
加入純乳酪 1 ～ 2 匙

再把自製的混合物塗抹到頭髮上輕輕按摩，約 1 分鐘後用溫水沖洗。

※ 在用雞蛋做完美容護理之後，如果還剩下一些蛋黃或蛋白，不要扔掉，它們還有其利用價值。（可參考 p.96、97）

 皮膚護理

蛋黃裡含豐富維他命、蛋白質、脂肪酸、礦物質等，對乾性皮膚和老化了的皮膚尤其有幫助，能補充皮膚營養、促生新皮膚。除了使用美容產品來使自己更美麗之外，還應常吃雞蛋來補充蛋白質、維他命和脂肪酸。

 自製蛋白眼膜

雙眼下的眼袋使人看上去疲憊不堪，快試試用蛋白做眼膜吧！蛋白能拉緊皮膚，使雙眼煥發光芒。但請注意，這種效果只能持續幾小時。

方法

把蛋白 1 ～ 2 滴塗到眼袋上，然後由外向內按摩。

 自製潤膚霜

冬日裡，蛋黃裡豐富的營養可以滋潤乾躁的手腳。

方法

把蛋黃 1 顆、核桃油 1 匙和檸檬汁 1 小匙攪勻，在睡前塗抹到乾燥的手腳上。

※ 為了避免弄髒床單被套，同時增加護理效果，建議在塗抹完後穿戴上柔軟的手套和襪子，於第二天起床後洗淨手腳，你將會發現手腳皮膚變得格外柔嫩。

 自製緊膚霜

肌膚越來越鬆弛了嗎？那就試做蛋黃緊膚霜吧！

方法 1

蛋黃 1 顆放到碗裡攪勻，塗到臉上，10 分鐘後用溫水洗淨。

方法 2

可以把雞蛋、蜂蜜和花粉混合做面膜。將花粉 1 小匙、蛋黃 1 顆和蜂蜜 1 小匙攪勻，塗到臉上，10 分鐘後用溫水洗淨。

 清潔油性皮膚

蛋白具有清潔作用，它能清除污垢，還能收縮毛孔、柔嫩肌膚。

方法

用一把小刷子把蛋白塗到臉上，避開眼睛、眉毛和髮根，10 分鐘後用溫水洗淨。也可把蛋白和幾滴檸檬汁放到碗裡打成泡沫，形成一膏狀物，更方便塗抹。

祛黑斑

可利用雞蛋的蛋白和玉米粉製成祛黑斑配方。

方法

把蛋白 1 顆和玉米粉 2 匙攪勻，塗抹到黑斑密集區，如額頭、下巴、鼻翼兩側，塗抹時應避免觸碰眼睛，5 分鐘後用溫水洗淨。

滋養乾燥皮膚

由於蛋黃營養豐富，能滋養皮膚，使皮膚變得柔嫩光滑。

方法 1

把蛋黃 1 顆和小麥胚芽油 1 匙攪勻，塗到臉上，盡量避開眼睛，15 ～ 20 分鐘之後用溫水洗淨。

方法 2

把蛋黃 1 顆、水 1 匙和白黏土 1 匙攪拌均勻後塗抹到臉上，避開眼睛周圍，15 ～ 20 分鐘後用溫水洗淨。

祛皺紋

蛋白有除皺功效，可以撫平臉上的小皺紋，但是要注意，它的除皺效果只能持續幾小時。

方法

用刷子把蛋白 1 顆塗抹到臉上，避開眼睛周圍、眉毛和髮根，10 分鐘後用溫水洗淨。

面部按摩

還可以利用雞蛋嘗試做面部按摩。

方法

把煮熟的熱雞蛋去殼，用一層乾淨的紗布包裹起來，按摩整個臉部，包括眼瞼和脖子。這種方法能清潔、柔嫩皮膚，並且按摩的過程令人感覺舒服。

雞蛋二三事

用雞蛋做護理運用之前

如果打算用雞蛋做面膜或其他護理，最好選用新鮮、常溫的雞蛋。因此，一定要在使用前的 15 ～ 30 分鐘就把雞蛋從冰箱裡取出。

PART 6

雞蛋與健康

雞蛋營養豐富，能滿足人們日常的營養需求，是有益健康的首選食品。孕婦在妊娠期和哺乳期的首推食物就是雞蛋，它能為寶寶和媽媽提供必需的礦物質，豐富的蛋白質、維他命，以及其他營養，同時也是治療疲勞、枯草熱和失聲的好藥方。雞蛋對大腦有益，原因就在於它所含有的膽鹼；一些研究表明，膽鹼在大腦運作中起到至關重要的作用，尤其有助於提高記憶力。

預防、治療疾病

預防白內障和黃斑性病變

雞蛋對眼睛有益，最近的一些科學研究已經論證了這一點。雞蛋裡含有多種有助於改善視力的物質，如葉黃素和玉米黃質這兩種重要的抗氧化劑，能預防白內障和黃斑性病變。一些研究表明，長期吃雞蛋可以降低 20% 患白內障的概率和 40% 患黃斑性病變的概率，同時還能保護眼睛免受紫外線的傷害。

另有一項研究表明，雞蛋裡含有的這兩種抗氧化劑比一些綠色蔬菜，如菠菜和花椰菜、青花椰菜裡含有的同樣兩種抗氧化劑更容易被人體吸收，原因是雞蛋裡同時含有脂類。葉黃素和玉米黃質都存在於蛋黃裡，尤其要多吃蛋黃。

治療失聲

由於雞蛋中含豐富礦物質和維他命，能有效地治療失聲，可以吞下雞蛋糊或者用雞蛋糊漱口。

方法 1

打雞蛋 1 顆入碗內，用叉子攪成糊狀，然後把雞蛋糊含到嘴裡，過一陣之後吐出。重複一星期左右時間。

方法 2

將蛋白 1 顆、檸檬汁適量和糖 2 匙用叉子攪勻。每小時服用 1 匙，直至症狀好轉（最多約需 3 ～ 4 天的時間）。剩餘部分盛入乾淨的容器中，再放入冰箱冷藏。

※ 以上這兩種藥方都是以生雞蛋為主要原料，雞蛋越新鮮越好。

 預防酒精中毒

蛋黃還有一個妙用，就是能使人在過量飲酒之後保持良好的狀態，而且不僅在酒後有用，在飲酒之前食用蛋黃還能預防酒精中毒。

※ 除了防止酒精中毒，也可以在赴酒宴之前先吃一顆蛋黃來預防醉酒。

雞蛋二三事

雞蛋雞尾酒

有一種以雞蛋為主原料的雞尾酒，是德國人在 19 世紀發明的，主要成分為：蛋黃、醋、辣醬和胡椒。

雞蛋與懷孕的準媽媽

雞蛋對孕婦、嬰兒有益

雞蛋在孕期中扮演著不可或缺的角色，其含有豐富的營養，不僅有益於胎兒的腦部發育，且能提高產後媽媽母乳的質量，一顆中等大小的雞蛋的營養價值差不多等於 200 毫升的牛奶。

妊娠期

雞蛋營養豐富，未來的媽媽們在妊娠期應該常吃雞蛋。雞蛋中含有三種對孕婦特別有益的營養成分——脂肪酸、膽鹼，能幫助寶寶大腦發育；葉酸，或稱作維他命 B_9，則是孕婦懷孕初期就需要的成分，它可以防止胎兒脊柱裂（一種神經系統的先天畸形）。

建議有規律地食用雞蛋，尤其是蛋黃，因為維他命和礦物質集中在蛋黃裡。

※ 在妊娠期間為避免食物中毒，盡量不要食用沒有完全煮熟的雞蛋。

哺乳期

雞蛋是哺乳期的首選食品，它能提供寶寶和媽媽必需的礦物質、豐富的蛋白質、維他命，以及其他營養。在哺乳期，年輕的媽媽要注意飲食品質，才能使寶寶喝到營養豐富的母乳，同時也使自己有足夠的營養和健康的身心來度過哺乳期的緊張。有科學研究表明，食用雞蛋能增加母乳中的脂肪酸和膽鹼含量，這兩種物質都是寶寶大腦發育必不可缺的。

建議應有規律地食用雞蛋，同時注意保持食物的豐富性和均衡性。

※ 雞蛋過敏是有遺傳的，如果已經有一個孩子對雞蛋過敏，那麼在給弟弟或妹妹哺乳時，最好也不要食用雞蛋。具體情況建議諮詢兒科醫生。

預防癌症

雞蛋中的蛋黃含豐富ß胡蘿蔔素抗氧化劑，如葉黃素和玉米黃質，這兩種抗氧化劑還被公認為對幾種癌症具有預防作用。例如，有一項科學研究表明，通過食物攝入人體的葉黃素和玉米黃質越多，罹患乳癌的概率就越小。

有規律地食用雞蛋能預防疾病，但請不要忘記，預防癌症的最佳方法還是規律的生活和豐富而平衡的飲食。

消除疲勞

雞蛋中含豐富的蛋白質、維他命、礦物質和一些人體必需的脂肪酸，不但能抵抗疲勞，還能使人長久保持健康的體魄！

如果時常感到精神疲乏，最好常吃雞蛋，同時保持食物的豐富性和平衡性，多吃蔬菜水果。冬天裡用來抵抗疲勞的好方法就是吃蛋酒，作法參見第 118 頁。

緩解過敏症狀

對於各種過敏，不論是引起呼吸紊亂的過敏，如枯草熱、哮喘，還是皮膚過敏，如濕疹、蕁麻疹等，吃一點鵪鶉蛋都能有效地緩解症狀。自遠古時代起，人們就已經開始利用鵪鶉蛋的抗過敏性了。

而到了上個世紀 60 年代，鵪鶉蛋的醫療效果更是得到特魯費教授的科學論證，他從鵪鶉飼養者們那兒聽説，他們的哮喘和過敏症狀都奇蹟似地消失了。鵪鶉蛋具有如此的醫療功效，其原因是其含有非常豐富的營養成分，鵪鶉蛋的鐵元素含量是雞蛋的 7 倍，維他命 B_{12} 的含量是雞蛋的 15 倍，而維他命 B_1 的含量則是雞蛋的 6 倍，同時，它也含有與雞蛋等量的銅和鋅。

因此，多吃鵪鶉蛋有利於身體健康。每天吃 6 顆鵪鶉蛋，約持續 10 天的時間，可以預防或治療枯草熱和過敏。

※ 在藥局可以買到以鵪鶉蛋為原料的成藥，具體資訊請諮詢醫生或藥劑師。

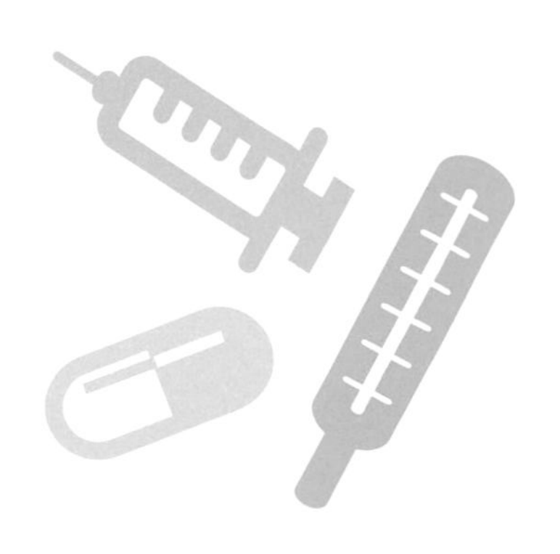

增強記憶力

雞蛋對大腦有益，原因就在於它所含有的膽鹼，一些研究表明，膽鹼在大腦運作中起到至關重要的作用，尤其有助於提高記憶力。

一顆大雞蛋中約含有 215 毫克的膽鹼。一位婦女每天所需的膽鹼量是 425 毫克，所以，女性一天吃 2 顆雞蛋就能補足當天所需的膽鹼量；而一個孩子一天所需的膽鹼量是 375 毫克，所以，孩子一天吃一顆雞蛋就能攝入足夠的膽鹼；一位成年男子每天需要 550 毫克的膽鹼，因此，成年男子需要每天吃 2 顆雞蛋。

※ 專家們還建議，孕婦應提高膽鹼攝入量，以利於寶寶的神經發育。此建議同樣適用於哺乳期的媽媽們。

雞蛋二三事

豐盛又健康的早餐搭配

如果早餐習慣吃得豐盛，那就一定要吃一顆雞蛋，它可以開啟充實的一天。理想的早餐搭配是：一顆帶殼溏心蛋或烤雞蛋、一塊起司、一片麵包、一種水果或一大杯鮮榨果汁、一盒乳酪，再加一杯熱飲，茶、咖啡等。

 關於雞蛋的一些謬誤

 心血管疾病

曾經在很長一段時間內，雞蛋被認為是提高膽固醇含量的罪魁禍首；但現在，專家們認為與其避免從食物中攝入膽固醇，不如限制食用存在於動物脂肪中的飽和脂肪酸和大量工業產品中含有的魚油，來得更高效和直接。營養學專家們一致認為雞蛋能防治心血管疾病，因為蛋黃中含有類胡蘿蔔素和抗氧化劑，這些強而有力的抗氧化劑能消減膽固醇的氧化作用。

建議

- 如果沒有特殊的疾病，可以一天食用一顆雞蛋。
- 若血膽固醇過高，請限制雞蛋食用量（每星期 2 ～ 3 顆），也可以根據具體情況諮詢醫生。

 對減肥的優勢

食用雞蛋不能減肥，任何其他食物也不能使人變瘦，但相對於其他食物，雞蛋在保持苗條體型方面還是有優勢的。還記得嗎？雞蛋裡雖含有大量蛋白質，但只含有很少的卡路里，這就解釋了為什麼食用雞蛋能快速解除飢餓感。只要早餐吃幾顆雞蛋，整個上午都會有飽足感，而且，人在早上吃過雞蛋後，午餐和晚餐的卡路里攝取就會降低，這一結論是經過科學論證的。

下午感到一陣小飢餓時，不要忙著吃高熱量的巧克力麵包，也不要吃餅乾，吃一顆白煮蛋即可，當然不要沾著油膩的蛋黃醬吃。

雞蛋傳聞的真假

真

早餐吃雞蛋能驅逐飢餓感？

2010 年，一些美國專家研究得出結論，早餐吃雞蛋能防止飢餓。研究者們對 21 位男子進行了對比實驗：

把 21 位男子分成兩組進食早餐，他們的早餐成分不同，但含有等量的卡路里。一組成員的早餐是用 3 顆雞蛋做成的布丁和麵包、果醬；另一組成員的早餐則是 1 個硬貝果和 1 盒乳酪。3 小時後，提供自助餐給兩組成員吃，結果，早餐吃雞蛋的小組成員比另一組成員少進食 112 大卡的熱量，而在接下來的 24 小時中，他們更是比另一組成員少進食 400 大卡的熱量。

※ 資料來源：Ratliff J., Leite J.O., et al. Consuming eggs for breakfast influences plasma glucose and ghrelin, while reducing energy intake during the next 24 hours in adult men. Nutr. Res. 2010 Feb.;30(2):96-103.

假

蛋白能處理皮膚灼傷？

網路上有一些關於處理皮膚灼傷的建議，比如在灼傷處塗上一層蛋白可減輕疼痛、加速結痂，還能防止留下難看的疤痕。然而，這種說法是荒謬的，蛋白不僅不具備這些功效，還可能引起感染，就像塗牙膏、馬鈴薯、奶油、乳酪或油一樣，是不對的傳言。處理皮膚灼傷，最好的方法是用冷水輕輕沖洗灼傷處 10 幾分鐘，以此來降溫。如果灼傷嚴重，請諮詢醫生或藥劑師。

PART 7

雞蛋與美食

雞蛋是廚房裡不可缺少的食材，它有一千零一種作法，也有一千零一種用處。用雞蛋可以製作前菜和主菜，還可以做成餐後甜點，那些美味的蛋黃醬，可以使食物更有滋味！

在 18 世紀的法國，人們至少已經有了 685 種不同的烹飪雞蛋方式。

烹飪手法

你會烹飪雞蛋嗎？「拜託，沒有比這個更簡單的了！」你可能會這樣想。但實際上，要掌握好雞蛋的熟度可不是一件易事，這需要遵循一些規則。而烹飪的時間因火候的大小而異，多嘗試幾次就可以掌握。

帶殼溏心蛋

帶殼溏心蛋，就是把雞蛋煮到蛋白稍微凝固而蛋黃仍流動的狀態，作法有好幾種，以下提供 3 種作法當作參考。

作法：

1. 把水燒開後放入雞蛋煮 3 分鐘，1 秒鐘都不要多，不然就會煮成軟雞蛋。
2. 水煮沸後關火，放入雞蛋浸泡 5 分鐘。
3. 把雞蛋放入盛有冷水的平底鍋裡，加熱平底鍋直至水沸騰時關火，用漏勺取出雞蛋。
4. 接下來，只需將完成後將蛋殼尖的那頭敲開，放入鹽和胡椒粉，即可享用。

以小匙舀著吃，或以抹了奶油的細長麵包塊沾著吃皆可。或在細長麵包塊上鋪上火腿和起司片，味道更佳。

烹煮小訣竅

- 只能用非常新鮮的雞蛋做帶殼溏心雞蛋！
- 若想把雞蛋完全浸入沸水中，可以漏勺或湯匙協助壓入。
- 品嘗前，可於蛋黃裡加入辣椒粉 1 小撮。
- 也可用鵪鶉蛋做，在加了鹽的沸水中燒煮 1.5 分鐘左右。

軟雞蛋

軟雞蛋，即把雞蛋放入水中煮到介於溏心和硬雞蛋之間的狀態，即蛋白完全凝固，而蛋黃濃稠。

作法：

1. 把水煮沸，放入雞蛋煮 5 ～ 6 分鐘，具體時間取決於雞蛋的大小、溫度，還有大氣壓等。
2. 不用等到水再次煮沸。用漏勺取出雞蛋，關火，用涼水沖洗雞蛋，除去蛋殼後即可食用。

硬雞蛋

硬雞蛋，就是把雞蛋完全煮熟，蛋白和蛋黃都凝固，即俗稱的白煮蛋。

作法：

1. 把水燒開，放入雞蛋燒煮 8 ～ 10 分鐘。
2. 用漏勺取出雞蛋，關火，用涼水沖洗雞蛋。
3. 把雞蛋放到砧板上滾揉，把蛋殼揉碎，再用水把蛋殼沖洗乾淨。

烹煮小訣竅

- 因為在燒煮過程中，氣室裡的空氣膨脹會使雞蛋爆裂。因此煮溏心蛋、軟雞蛋或硬雞蛋時，把針刺入雞蛋大頭，刺破氣室，釋放裡面空氣。也可在煮蛋過程中，往水裡加入鹽 1 小撮或醋 1 小匙。

水煮荷包蛋

什麼是水煮荷包蛋？就是把雞蛋去殼後放入沸水中煮，這樣煮的效果，會使蛋白起泡沫，而蛋黃會有不同程度的流動。

作法：

1. 把加有醋 1 小匙的水煮沸。
2. 在此過程中，把雞蛋去殼後放進杯子裡。一個杯子放 1 顆雞蛋。
3. 把火轉小，直至水面出現輕微顫動，快速地把雞蛋倒入沸水中。（水面應是輕微顫動而不是沸騰的，不然蛋白會四散開來）
4. 以 2 支湯匙調整雞蛋的形狀，使蛋白包裹蛋黃。
5. 用漏勺撈出雞蛋，此時的雞蛋是結實而有彈性的。再將雞蛋以冷飲用水沖洗，以使其停止加熱。如有必要，可切除多餘的蛋白，使雞蛋形狀更平整。

變化作法：

紅酒醬雞蛋：把水煮荷包蛋沾著大蒜烤麵包和紅酒醬吃。紅酒醬的材料是紅酒、肥豬肉丁、洋蔥和小蔥。

佛羅倫薩雞蛋：把水煮荷包蛋放到一層菠菜上，再澆上起司醬，或者撒上帕瑪森起司。

烹煮小訣竅

- 燒煮的時間約為 2 分鐘，可以放進湯裡吃，也可拌入沙拉。
- 雞蛋必須是新鮮的，才可掌握好水煮荷包蛋的熟度。
- 市面上能買到做水煮荷包蛋的專用工具，形狀像兩支大匙，烹煮時先把生雞蛋放入大匙裡，然後整個浸沒到水中煮。

法式煎雞蛋

什麼是法式煎雞蛋？就是把雞蛋煎至蛋白凝結而蛋黃呈明亮的液體狀。這種作法不易掌握熟度。有以下兩種作法：

作法 1：

用刷子在鍋裡刷上油，把雞蛋去殼後放進鍋裡，用小火煎，蛋白上撒鹽，讓蛋白慢慢凝結。

作法 2：

取一只鍋，融化奶油 1 小塊，撒上鹽，把蛋白放進鍋裡用小火煎，待蛋白開始凝結時放入蛋黃，撒上胡椒粉，幾秒鐘後關火。

這兩種作法的烹飪時間約為 2 ～ 3 分鐘。

烹煮小訣竅

- 以做布利尼餅（blini，即俄式薄餅）用的小鍋煎雞蛋，可以避免蛋白四散。
- 蛋白不要煎得過久，否則易黏鍋或起泡。
- 也可用鵪鶉蛋做，時間改為 1 ～ 2 分鐘。

煎荷包蛋

煎荷包蛋很簡單，就是用熱油煎雞蛋，烹飪效果是蛋黃呈奶油狀而蛋白金黃鬆脆。

作法：

1. 把葵花籽油加熱到 180℃。
2. 打雞蛋 1 顆，放進起司蛋糕的模具裡。
3. 雞蛋倒進加有熱油的鍋裡，用鍋鏟調整蛋白，使其包裹蛋黃，翻轉雞蛋並使其呈橢圓形。
4. 一旦雞蛋呈現金黃色（大約只需 1 分鐘），即可用漏勺取出雞蛋，放於廚房紙巾上，撒鹽。

烤雞蛋

烤雞蛋，就是把生雞蛋放入有一對「耳朵」的碗裡，很多法國家庭都有專屬的雙耳碗，用烤箱烘烤至蛋白呈乳白狀而蛋黃仍能流動。

作法：

1. 把烤箱預熱到 180℃。
2. 取一雙耳碗，碗內抹上奶油，撒鹽、胡椒粉。
3. 雞蛋 1 顆放碗裡，放入烤箱烤 8 分鐘。

煎蛋卷

煎蛋卷，即歐姆蛋，就是把雞蛋打勻後倒入平底鍋裡煎。歐姆蛋的熟度可是五分熟、七分熟或全熟。

作法：

1. 取雞蛋 2 顆，打勻，加少許鹽和胡椒粉。
2. 用中火把平底鍋加熱，放入適量油，把打勻的雞蛋倒入熱鍋裡。
3. 以鍋鏟把熟的部分挪到鍋中央，擺動平底鍋，使生的部分均勻地流散到平底鍋周邊。待雞蛋達到想要的熟度後關火。
4. 用鏟子把煎好的雞蛋放進盤子，再把它捲成筒狀。

烹煮小訣竅

- 在打勻的雞蛋糊裡加入一點牛奶，可使蛋卷口感更柔軟。
- 可在雞蛋糊裡加入一些香料、細蔥、起司絲、火腿片或鮭魚片，也可在煎好蛋卷之後再添上配料裝點。
- 也可用鵪鶉蛋做，時間改為 1 ～ 2 分鐘。

燉雞蛋

燉雞蛋，就是把幾顆雞蛋分別盛到幾個起司蛋糕的模具裡，放到雙層蒸鍋裡蒸，或者放入烤箱裡烤，亦可直接把模具放入平底鍋裡蒸，直至蛋白微微凝結而蛋黃呈液態。

作法：

1. 把烤箱預熱到 180℃。
2. 在幾個起司蛋糕的模具裡放入奶油、鹽，抹一層奶油，把整顆雞蛋放入，不要讓蛋黃溢出來。
3. 送入烤箱烘烤（或放入雙層蒸鍋裡蒸煮）6 ～ 10 分鐘，控制好火候。
4. 完成後即可品嘗。

烹煮小訣竅

- 也可把模具直接放進平底鍋裡蒸煮，水煮沸 12 分鐘後關火。
- 食用前，可撒上一些新鮮的蔥、香料、幾片燻鮭魚片或烤培根做搭配。
- 可用鵪鶉蛋做，在雙層蒸鍋裡蒸 4 ～ 5 分鐘。

奶油蒸蛋

就是以小火蒸熟拌了奶油的雞蛋，蒸煮過程中需時常攪拌，最好使用雙層蒸鍋。做出來的雞蛋呈奶油狀，口感比歐姆蛋更細滑。

作法：

1. 取一只碗，碗內抹上奶油，加少許鹽和胡椒粉。
2. 打入幾顆雞蛋，再放適量奶油。
3. 用小火蒸，過程中需時常攪拌雞蛋和奶油，直至外觀呈奶油狀。

烹煮小訣竅

- 在蒸煮之前不要把雞蛋打勻。
- 也可不用雙層蒸鍋來蒸，直接把碗放進鍋裡，但要控制好火候，用微火。
- 在蒸煮完後，還可再加入一些奶油。
- 可把蒸蛋放到空的雞蛋殼裡食用。

教你用微波爐煮蛋

用微波爐來烹飪雞蛋，既方便又快捷。唯一需要注意的是必須剝去蛋殼，並在蛋黃上刺幾個洞，以防雞蛋爆裂。

硬雞蛋

一顆雞蛋打入杯子裡，用叉子在蛋白和蛋黃上刺幾個洞。用微波爐加熱 40 秒。再放涼 30 秒，然後把雞蛋從杯子取出。

水煮蛋

取一只大杯子，倒入水 75ml，用微波爐加熱至沸騰（約 3 ～ 4 分鐘）。打一顆雞蛋於水中，用叉子小心地在蛋黃上戳幾個洞，半蓋杯子，再用微波爐加熱 40 ～ 60 秒，放涼 1 分鐘，瀝乾水即可。

燉雞蛋

在一個小容器裡塗上奶油，放入鮮奶油 1 小匙，再放雞蛋，在雞蛋上澆一層奶油，輕輕戳幾個小洞，撒上鹽 1 小撮，微波爐加熱 20 秒。

烤雞蛋

把奶油 1 小塊放進大杯內，用微波爐加熱 15 秒使其融化，轉動杯子使奶油流經各個角落，打一顆雞蛋入杯，用叉子刺幾個洞，半蓋杯子，再用微波爐加熱 30 秒。

蒸蛋

打雞蛋 3 顆入碗中，加牛奶 1 小匙和鹽 1 小撮，攪拌均勻，放入微波爐內加熱 50 秒，取出。用叉子攪拌雞蛋，再加熱 15 秒，再次攪拌，如此重複至雞蛋煮熟並呈奶油狀。蓋上蓋子，放涼 1 分鐘後即可。

烹飪器具

實用的工具

在烹飪雞蛋的過程中，需要切割、刺孔、壓碎、燒煮、分離蛋黃等，幸好有很多實用的工具。

工具一覽表

工具	用途
蛋杯	或稱為蛋盛器、蛋托，是西餐中用來裝盛煮熟的蛋的工具。可用來盛放帶殼溏心蛋或硬雞蛋的器皿。
切蛋器	用於乾淨準確地切割帶殼溏心蛋的蛋殼。只需把它放到雞蛋上，拉動切蛋器使刀刃垂下即可完成切割。也有一種類似於剪刀的切蛋器。
雞蛋切片器	可一次把硬雞蛋（白煮蛋）切成數片，切出來的雞蛋片形狀美觀且切割過程中不會弄碎蛋黃。
雞蛋刺孔器	可以輕易地在生雞蛋上刺孔，比如在做帶殼溏心蛋前在蛋殼上刺一小孔，以防止雞蛋在燒煮過程中爆裂。
蛋黃分離器	可輕鬆地把蛋黃和蛋白分離。
荷包蛋煎蛋器	可以簡化煎荷包蛋的過程，並且使荷包蛋有一個美麗的形狀。

微波爐煮蛋器	便於使用微波爐做帶殼溏心蛋或軟雞蛋，其類型樣式有單獨盛放一顆雞蛋的，也有可同時盛放幾顆雞蛋的。
雞蛋圈	為一小鐵圈，用在煎雞蛋時限制雞蛋的形狀，除了圓形的還有各種形狀。
方形雞蛋模具	用於把硬雞蛋變成方形。把剛煮好的硬雞蛋去殼放進方形模具裡，擠壓模具，然後把雞蛋連同模具一起放入冰箱冷藏，出模後雞蛋就變成方形。
創意雞蛋模具	可以把硬雞蛋變成各種形狀，如魚類、汽車、兔子、熊等。用法與方形模具相同。
電子煮蛋器	可以同時煮多顆帶殼溏心蛋、硬雞蛋、軟雞蛋或水煮荷包蛋。

烹飪祕訣及應用

保存常溫雞蛋

如果需要一些常溫的雞蛋，可把雞蛋從冰箱裡取出後，放入溫水浸泡幾分鐘，或者在烹飪前 30 分鐘到 1 小時先從冰箱裡取出，置於常溫中。但最多不要提前 2 小時，尤其是在炎熱的天氣。

剝蛋殼

- 剝硬雞蛋的殼：煮好之後放入冷水，溫度的驟變有助於剝殼。也可以邊用自來水沖洗邊剝殼，沖去碎蛋殼。或者在煮雞蛋的水裡加 1 匙鹽也有幫助。
- 剝軟雞蛋的殼：把它放到砧板上，用手或刀面輕輕敲打蛋殼，然後把破碎的蛋殼一片片剝掉。

有裂縫的雞蛋

燒煮有裂縫的雞蛋時，為防止蛋白流出，可在水裡加幾滴醋，這樣做可以封住裂痕，從而防止蛋白溢出。

判斷雞蛋的新鮮

要知道雞蛋的新鮮程度有幾種方法：

- 把雞蛋放到燈下觀察，如果蛋黃是圓形且集中、氣室很小，那麼便是新鮮的雞蛋。
- 把雞蛋放入微鹹的冷水裡，如果雞蛋沉沒，則是新鮮的；雞蛋漂浮的程度越高就代表越不新鮮；若浮到水面上了，那就直接扔掉吧！事實上，雞蛋越老，頂端的氣室就會越膨脹，會導致雞蛋漂浮起來。

- 打一顆雞蛋，觀察蛋黃和蛋白，新鮮雞蛋的蛋白是濃稠而半透明，蛋黃是集中、圓鼓而結實。越老的雞蛋，其蛋白就越稀薄，蛋黃越扁平且不結實。發臭的雞蛋請直接扔掉。

蛋白霜製作

想用一層明亮的奶油裝飾蛋糕或餅乾，可用蛋白 1 顆和冰糖 200g 來製作一層誘人的蛋白霜。

作法

使勁攪拌蛋白和冰糖，使其呈奶油狀，加入些許檸檬汁，繼續攪拌。做成後用小抹刀把蛋白霜塗到蛋糕或餅乾上，放進冰箱冷藏，蛋白霜會慢慢變硬。

※ 可以在蛋白霜裡加入幾滴食用色素，繽紛顏色看起來更可口。

添增雞蛋香味

由於蛋殼上密布著無數小孔，所以可吸收氣味。把雞蛋和松露放在一密封的盒子裡，幾天之後，雞蛋會沾染松露的香味，就可利用此雞蛋做出帶有松露味的歐姆蛋。同樣的方法，也可以試試大蒜口味。

將雞蛋染色

可利用在煮雞蛋時替它上色，放回冰箱之後，就可以輕易地區分生雞蛋和熟雞蛋。要給雞蛋著色，可以在沸水中加入幾瓣洋蔥，一些茶葉或咖啡渣，或者加入1小匙香料（如桂皮粉、黃薑）、幾滴食用色素等，便可使蛋殼染色。

蛋白的利用

用蛋黃做了奶油餡，還剩下一些蛋白該怎麼處理？其實，有很多種方法可以有效利用蛋白。

- 如果喜歡甜品，不妨用蛋白來做奶油夾心蛋白餅，或者做成覆蓋蛋白餅的檸檬蛋撻、漂浮島（一種甜點）、奶油慕斯、杏果乾脆餅、杏仁長型蛋糕、椰子糕點等。
- 若傾向鹹食，也可以做成天婦羅，這是一種油炸裹上麵衣的蔬菜或蝦仁的日本料理。

※ 可以把蛋白盛入密閉的容器裡，放進冰箱冷藏，最多可保存 4 天，或者乾脆放進冷凍室。

雞蛋二三事

處理油膩的高手

蛋白是對付油膩的高手。如果燉雞肉或牛肉時鍋面顯得油膩，可在正在燒煮的燉鍋裡加入 1 ～ 2 顆攪勻的蛋白，待蛋白變硬後取出，就可吸收掉多餘的油脂。

蛋黃的利用

有時候也會剩下一些蛋黃，這時，可以製作一些蛋黃奶油、義式蛋黃醬、冰淇淋、布丁、水果蛋糕，也可以做一些調味醬汁、麵包粉，當然不要忘了蛋黃還可以用來做蛋黃醬。

如何打發蛋白

- 打發的碗最好選用玻璃或金屬材質，這比塑膠容器更容易打出豐富的泡沫。當然，碗要清潔乾燥，不能有油漬。
- 必須把蛋黃徹底地從蛋白中分離，一滴蛋黃也會影響蛋白起泡的效果。
- 把碗傾斜，打蛋的速度由慢到快勻速遞增，打發的幅度盡量拉大以便融入更多空氣。
- 在打發前記得先在蛋白裡加入鹽 1 小撮，也可加入幾滴檸檬汁以防止蛋白分解。
- 只有在蛋白已經起泡之後才可以加糖，而且要分數次添加。
- 建議選用新鮮的雞蛋，但也不必太新鮮。

- 若想打出體積龐大的蛋白泡沫，雞蛋的溫度不能太冷。因此最好提前 20 分鐘從冰箱裡取出，或者取出後放到溫水裡浸泡幾分鐘。
- 也可以使用前一天就已分離的蛋黃、放進冰箱冷藏的蛋白。
- 可以直接在燉鍋裡打發，或者用電動打蛋器打發。
- 如果是手動打發，就選用尺寸較大且金屬絲多一些的食物攪拌器。
- 若轉動碗時泡沫不會減退，就代表蛋白已經完全起泡。
- 一旦蛋白完全起泡，必須馬上停止攪拌，不然蛋白泡有可能會因分解而減退。
- 若想使蛋白完全融合，在打發時不要一次加入全部蛋白，先放入 2 ～ 3 匙，攪拌一陣後再加入其餘部分。

※ 用一顆雞蛋的蛋白可以打出 1 立方公分的泡沫！訣竅是打一會兒泡沫，加一點水，再接著打泡沫、加點水，以此類推。

 分離蛋黃和蛋白

介紹幾種分離蛋黃和蛋白的小訣竅：

冷藏雞蛋

冷的雞蛋更容易分離蛋黃和蛋白。把雞蛋在一個平面上敲擊打開，而不要在碗的邊緣上磕開，不然一些小的蛋殼碎片會進入到雞蛋裡去，接著倒換兩半蛋殼，除去蛋白留下蛋黃。

使用漏斗

這小技巧也非常實用，把雞蛋打開放進漏斗裡，蛋白會順著漏斗流出，蛋黃則會乖乖地留在裡面。

使用專用工具

對於那些實在不那麼有烹飪天賦的人，不妨嘗試一些專用工具，比如蛋黃分離器。

※ 盡量避免蛋黃接觸其他物體，包括手指，因為失去了蛋白的保護，蛋黃容易滋生細菌，因此最好等到要使用前再打開蛋殼。

雞蛋二三事

雞蛋的慣性原理

把雞蛋放到桌面上，用手指撥動使它旋轉，就像陀螺一樣。你會發現熟雞蛋比生雞蛋轉得更快更穩。再以手指按壓，使轉動的雞蛋停止，熟雞蛋能立刻停止，而生雞蛋卻還會繼續轉動。這是慣性原理：熟雞蛋是一塊結實的整體，而生雞蛋則是由幾小塊組成的，在轉動的過程中會相互碰撞摩擦，蛋白和蛋殼摩擦，蛋黃和蛋白摩擦。

雞蛋食譜〔前菜和主菜〕

蛋黃醬鑲蛋

材　料：雞蛋 4 顆、蛋黃醬 3 匙、白醋 1 匙、新鮮西洋芹少許
鹽和胡椒粉少許

作　法：

1
把雞蛋放入加有醋的沸水中燒煮 10 分鐘。

2
洗淨西洋芹，與蛋黃醬攪勻，加入鹽和胡椒粉。

3
雞蛋煮熟後，放到水龍頭下沖洗降溫，去殼切半。

4
小心地取出蛋黃，將其碾碎，與西洋芹蛋黃醬混合。

5
將作法 4 填入蛋白。（原蛋黃的位置）

博科尼烤蛋

材　料：雞蛋 8 顆、帕瑪森起司碎 70g、鹽和胡椒粉少許

作　法：

1. 烤箱預熱 210℃。
2. 將蛋黃和蛋白分離，小心不要用破蛋黃。
3. 蛋白裡加入鹽 1 小撮，打發。
4. 加入一半的帕瑪森起司碎，打發成蛋白霜後，填入 4 個起司蛋糕的模子裡，到半滿。
5. 在每個模子裡放入蛋黃 2 顆，並將剩餘的蛋白霜覆蓋到蛋黃上。
6. 把剩餘的帕瑪森起司碎撒在最上層。放入烤箱烘烤 5 分鐘。

春色雞蛋羹

材　　料：雞蛋 8 顆、綠色蘆筍 2 捆、煙燻鮭魚 4 片
鹹奶油 20g、鮮奶油 1 匙、蝦夷蔥幾支
粗鹽 1 小撮、細鹽和胡椒粉少許

作　　法：

1

切去蘆筍的末端，洗淨。放入加有粗鹽的沸水中燒煮 10 ～ 15 分鐘。

2

燒煮同時，洗淨蝦夷蔥，將煙燻鮭魚切成小片。作法 1 完成後瀝乾蘆筍，摘下蘆筍頭。

3

在大碗裡放入奶油、鹽和胡椒粉、雞蛋，再加入幾片奶油，攪勻後將碗放入蒸鍋，用小火蒸煮。

4

不時攪拌，直至混合物呈奶油狀，加入鮮奶油，關火，撒胡椒粉。

5

作法 5 分配到幾個起司蛋糕的模子裡，再用蘆筍頭、煙燻鮭魚片和蝦夷蔥裝飾。

洛林餡餅

材　料：雞蛋 4 顆、肥豬肉丁 150g、鮮奶油 250ml
牛奶 250ml、餡餅麵團 1 個、胡椒粉少許

作　法：

1. 烤箱預熱 180℃。

2. 把麵團鋪在一餡餅模子裡。

3. 取一不沾鍋，煎炒肥豬肉丁 3 ～ 4 分鐘取出，放到一張廚房紙巾上瀝乾後，鋪到麵團上。

4. 將雞蛋、奶油和牛奶放入碗裡攪勻，加入胡椒粉，倒入鋪有肉丁的麵團上。

5. 入烤箱烘焙 25 分鐘。

鹹舒芙蕾

材　料：雞蛋3顆、蛋白2顆、牛奶250ml、奶油25g
麵粉25g、格魯耶爾起司碎75g、肉豆蔻碎1小撮
鹽和胡椒粉少許

作　法：

1. 烤箱預熱180℃。把牛奶倒入鍋中，加入肉豆蔻碎，煮到沸騰；分離蛋黃和蛋白。

2. 取另一鍋用小火融化奶油，加入麵粉，攪勻後燒2分鐘，需不停攪動以免燒焦。

3. 作法1關火，加入沸騰的牛奶後攪勻，再開火5分鐘，待其變稠時加入蛋黃，繼續燒煮2分鐘。

4. 再次關火，加入起司碎、鹽、胡椒粉，攪勻後放涼。

5. 把蛋白加鹽打成泡沫，加至作法4中。

6. 在模子裡抹上奶油，倒入作法5。入烤箱烘烤20分鐘。

TIPS

舒芙蕾脫模祕訣：取一刷子，沾上融化奶油在模子底部畫幾個圈，再於模子邊緣從下往上刷奶油，小心不要在模子內留下手指印，才能使舒芙蕾完全脫模。

荷包蛋沙拉

材　料：雞蛋 4 顆、生菜（如萵苣、菊苣）1 顆、培根 8 片
小紅蘿蔔 8 根、紅蘿蔔 2 根、帕瑪森起司 50g
紅頭蔥 2 根、白醋和香醋各 1 匙、鹽少許
胡椒粉和芥末少許

作　法：

1

清洗生菜並瀝乾，紅蘿蔔洗淨刨絲。

2

小紅蘿蔔洗淨後切小圓片，帕瑪森起司切絲，紅頭蔥切薄片。

3

取一只碗，將油、香醋、芥末倒入調勻，再加鹽和胡椒粉，做成酸醋調味汁。

4

取一不沾鍋乾炒培根，炒好後切成薄片，開小火，在加有白醋的水中打入 4 顆蛋，煮約 2 分鐘。

5

把生菜、紅蘿蔔絲、小紅蘿蔔片、帕瑪森起司和紅頭蔥攪拌均勻，再加入酸醋調味汁。

6

把沙拉分配到盤子裡。在每個盤子裡加入培根幾片、水煮荷包蛋 1 顆。

鑲番茄 4人份

材　　料：雞蛋 4 顆、外形美觀的番茄 4 顆、西洋芹幾枝
橄欖油 2 匙、鹽和胡椒粉少許

作　　法：

1
番茄洗淨、去蒂、挖空果肉，在番茄內部撒一層鹽，倒置 15 分鐘，使水分流出。

2
烤箱預熱 180℃。在番茄裡放入胡椒粉和橄欖油，於烤盤澆上一層油，放番茄，送入烤箱烘烤 20 分鐘。

3
待番茄烤熟後取出，在每個番茄裡加一顆雞蛋，再次放入烤箱烤 5 分鐘。

4
清洗並將西洋芹切段，食用前撒上。

馬鈴薯洋蔥蛋餅

材　料：雞蛋 6 顆、馬鈴薯 500g、洋蔥 2 顆、橄欖油 3 匙
鹽和胡椒粉少許

作　法：

1
馬鈴薯削皮洗淨，切成薄片，洋蔥切成薄片。

2
取一鍋加熱橄欖油，放馬鈴薯和洋蔥片，翻炒 25 分鐘。

3
將雞蛋、鹽和胡椒粉倒入大碗裡，攪勻後入鍋，覆蓋已炒熟的馬鈴薯和洋蔥片。

4
蓋上鍋蓋用小火煮 10 分鐘。

5
將馬鈴薯洋蔥蛋餅翻面，繼續煮 5 分鐘。

TIPS

馬鈴薯洋蔥蛋餅冷熱皆宜，可作為主菜，配綠色沙拉吃，亦可切成小塊作為飯前開胃酒的配菜。

番茄甜椒炒蛋

材　料：雞蛋 4 顆、生火腿 4 片、紅椒 1 顆、青椒 1 顆
番茄 2 顆、洋蔥 2 顆、大蒜 2 個、橄欖油 2 匙
胡椒粉少許

作　法：

1 紅椒和青椒洗淨切開，去掉白色薄膜、去籽，切成小薄片。

2 清洗番茄，放入沸水中煮 30 秒，撈起後瀝乾，切成 4 瓣。洋蔥切薄片，大蒜去皮後剁碎。

3 取一大鍋加熱橄欖油，放入洋蔥、大蒜，用小火翻炒 2 分鐘。

4 再加入紅椒和青椒翻炒 5 分鐘，最後加入番茄炒 10 分鐘。

5 將火腿切長條放入鍋中翻炒 5 分鐘。

6 取一碗將雞蛋打勻，加入胡椒粉，再倒入鍋中，不停攪拌約 5 分鐘，炒熟即可。

雞蛋食譜〔餐後點心〕

香草牛奶雞蛋布丁

材　料：雞蛋 4 顆、蛋黃醬 3 匙、白醋 1 匙、新鮮西洋芹少許
鹽和胡椒粉少許

作　法：

1 將香草莢切成兩半，用刀尖刮取出香草籽。

2 把牛奶和糖放入鍋裡，將切開的香草莢和香草籽也放入鍋中，煮到沸騰後關火浸泡 15 分鐘，取出香草莢。

3 把烤爐預熱到 180℃。

4 雞蛋打入碗裡輕輕攪勻，加入調配好的香草牛奶並快速攪拌，倒入盤子裡。

5 入烤箱烤約 30 分鐘。

TIPS

也可以用檸檬片取代香草。

焦糖奶油布丁

材　料：雞蛋 3 顆、全脂奶 500ml、糖 170g

作　法：

1

將糖分成 2 份，先取糖 90g 放到鍋裡融化，然後關火，小心黏鍋。

2

緩緩加入水 5ml，把熱焦糖水倒入幾個起司蛋糕的模子裡。

3

將烤箱升溫，預熱到 120 ～ 150℃。

4

把雞蛋和剩餘的糖放入碗裡，快速攪拌直至顏色發白，加入全脂牛奶，繼續攪勻。如有必要，可去掉浮在表面的泡沫。

5

把作法 4 倒入起司蛋糕的模子裡，放入烤箱烘烤 45 分鐘。

6

冷卻後放入冰箱冷藏 2 小時以上。

TIPS

若想從模子裡取出焦糖奶油布丁，可先用刀刃貼著模子內壁劃一圈，扣上一盤子，迅速翻轉過來，將其倒放倒進盤子裡，再小心地拿掉模子即可。

酒香覆盆子蛋黃羹

材　料：雞蛋 2 顆、蛋黃 2 顆、甜白酒 250ml、白糖 75g
冰糖 50g、覆盆子 400g

作　法：

1. 分離蛋白和蛋黃，將蛋黃、白糖和白酒放到碗裡攪勻後倒入鍋中。

2. 作法 1 用小火燒 10 ～ 15 分鐘，其間用打蛋器不停地呈 8 字形翻動，待蛋黃羹變稠後關火，使其冷卻。

3. 預熱烤箱備用。將蛋白打成泡沫，邊打邊加入冰糖，做成蛋白霜。

4. 清洗覆盆子，分配到各個起司蛋糕模內。

5. 在已冷卻的蛋黃羹裡加入作法 3 的蛋白霜，倒進模子裡。

6. 入烤箱烘烤 2 ～ 3 分鐘即可。

漂浮島

4 人份

材　　料：雞蛋 6 顆、牛奶 500ml、冰糖 70g、白糖 100g
香草莢 1 支、鹽 1 小撮

作　　法：

1

分離蛋白和蛋黃，快速攪拌蛋黃和白糖至顏色變白。把香草莢切成兩半，用刀尖刮取香草籽。

2

牛奶、香草莢及香草籽放入鍋中，煮到沸騰後關火，浸泡 15 分鐘，取出香草莢，再次將牛奶煮沸，澆到作法 1 攪勻的蛋黃上。

3

作法 2 倒進鍋，以小火加熱，不停攪動，製作成香草奶油。

4

當鍋內奶油開始沾到攪拌的勺子上時關火，分別倒入 4 只高腳玻璃杯中，放進冰箱冷藏至少 2 小時。

5

將蛋白和鹽快速打勻，分次加入冰糖打成泡沫。

6

用 2 支湯匙舀出 4 顆泡沫球，放進沸水用小火煮 2 分鐘後撈出，放到吸水紙上瀝乾。高腳玻璃杯裡各放入一蛋白泡沫球即成。

TIPS

也可於前一天就把香草奶油做好，盛入密閉容器裡，放入冰箱冷藏。

杏仁長型蛋糕

材　料：蛋白 4 顆、杏仁粉 100g、白糖 200g、麵粉 750g
奶油 100g、鹽 1 小撮

作　法：

1

烤箱預熱 180℃。將奶油融化，加入杏仁粉、白糖、麵粉攪勻。

2

蛋白加鹽後打成泡沫，倒入作法 1 中。

3

在模子裡塗上奶油和麵粉，把作法2倒入模子裡。

4

放入烤箱烘烤 15 分鐘。出爐後即可享用。

巧克力舒芙蕾

材　料：雞蛋 4 顆、蛋白 2 顆、黑巧克力 100g
鮮奶油 2 匙、白糖 2 匙、鹽 1 小撮、奶油 1 小塊
冰糖 1 匙

作　法：

1 烤箱預熱到 180℃。將蛋黃和蛋白分離。

2 巧克力放進鍋裡融化，加入鮮奶油、蛋黃和白糖，繼續加熱 4 分鐘，不停攪拌直至混合物膨脹、變稠，然後關火。

3 蛋白加鹽打沫，輕輕倒入作法 2 中。

4 在模具內塗上奶油，倒入作法 3，入烤箱烘烤 20 分鐘。

5 出爐後撒上冰糖。

奶油夾心蛋白餅

材　料：蛋白 4 顆、白糖 125g、冰糖 125g、鹽 1 小撮
食用色素幾滴（或無糖可可粉 1 匙）

作　法：

1

烤箱預熱至 90℃。

2

蛋白加鹽後快速攪拌，其間緩緩加入白糖和冰糖，還可加食用色素或可可粉，攪拌至蛋白完全打成濃稠的泡沫。

3

於烤盤鋪上錫箔紙，用湯匙舀取幾團蛋白霜分別置於其上。

4

放入烤箱烘烤，約 1.5 小時後關電源。

5

打開烤箱門，放涼 30 分鐘即可。

TIPS

在製作蛋白霜前可提前 1 小時從冰箱裡取出蛋白，溫度合適的蛋白製作起來更容易。

雞蛋食譜〔其他醬料〕

蛋黃醬

材　料：蛋黃 1 顆、植物油 250ml、芥末 1 小匙
鹽和胡椒粉少許

作　法：

1

把蛋黃、芥末和胡椒鹽攪勻。

2

邊攪拌邊慢慢倒入植物油，直至達到需要的稠度。

3

不停攪拌蛋黃，成乳濁狀即成。

TIPS

蛋黃醬製成後還可根據口味再加入蔥、香料或醋漬小黃瓜等。

荷蘭醬 4人份

材　料：蛋黃3顆、奶油250g、檸檬汁少許

鹽和胡椒粉少許、水1匙

作　法：

1

取一小鍋，以小火融化奶油，並除去漂浮的泡沫。

2

將蛋黃、水和檸檬汁放到碗裡攪勻後倒入另一鍋內。繼續攪拌幾分鐘，直至混合物變濃稠。

3

加入鹽和胡椒粉，再緩緩加入作法1，攪拌至黏稠。

TIPS

醬汁的溫度不能太高，不然蛋黃會凝結。降溫有2種方法：不定時關火或加水。

蛋酒

材　料：蛋黃 4 顆、牛奶 500ml、白糖 60g、蘭姆酒 2 匙
焦糖 1 小匙、水 1 匙

作　法：

1

把蛋黃、白糖和水攪拌均勻。

2

將牛奶煮沸後加入作法 1，繼續燒煮、攪拌約 3 ～ 4 分鐘。

3

關火，加入酒，倒進 4 只杯子裡，淋上焦糖。

TIPS

對於不喝酒的人，可用柑橘花精（l'eau de fleur d'oranger）2 ～ 3 匙來替代酒。

雞尾酒

材　料：蛋黃 1 顆、伍斯特醬 1 茶匙、白醋 1 茶匙
番茄汁 2 湯匙、Tabasco 辣醬 3 滴、黑胡椒粉 1 小撮

作　法：

將以上所有材料放入杯中，調勻即成。

TIPS

此款雞尾酒還是治療酒精中毒的藥方，若要增強效果，最好一口飲盡。

附錄

附錄一

一顆普通雞蛋的營養價值（約 53g）

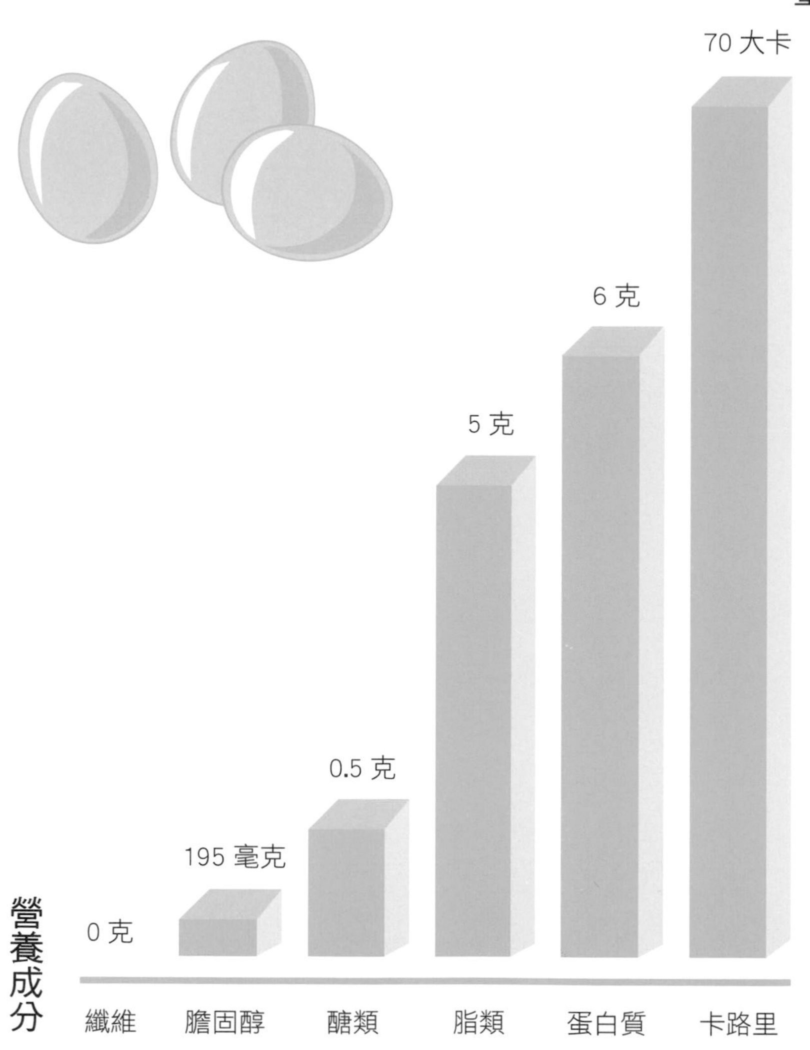

維他命	含有成人1天所需的維他命(%)
維他命A	10%
維他命B_1(硫胺素)	3%
維他命B_2(核黃素)	15%
維他命B_3	8%
維他命B_5(泛酸)	20%
維他命B_6	2%
維他命B_9(葉酸)	15%
維他命B_{12}	50%
維他命D	15%
維他命E	15%
維他命K	10%

礦物質	含有成人1天所需的礦物質(%)
鈣	2%
鐵	6～10%
碘	17%
鎂	2%
磷	6%
硒	30%
鋅	6%

附錄二

雞蛋上數字代碼的含義〔適用於歐洲〕

3

包裝上的數字代碼	籠養母雞蛋
是否接觸大自然	否
室內養殖的密度	每平方公分13～18隻
是否室外放養	否
存欄數	無上限（有時能到達30萬隻）
飼料	無規定

2

包裝上的數字代碼	地面飼養的母雞蛋
是否接觸大自然	否
室內養殖的密度	每平方公分13～18隻
是否室外放養	否
存欄數	無上限（有時能到達30萬隻）
飼料	無規定

1

包裝上的數字代碼	野外放養母雞蛋/紅色標籤雞蛋
是否接觸大自然	是
室內養殖的密度	每平方公分9隻
室外放養的面積	每隻母雞5平方公分
存欄數	同一室內不超過6000隻母雞
飼料	100%植物飼料，含有礦物質和維他命

0

包裝上的數字代碼	天然綠色農業飼養的母雞蛋
是否接觸大自然	是
室內養殖的密度	每平方公分6隻母雞
室外放養的面積	每隻母雞4平方公分
存欄數	同一室內不超過3000隻母雞
飼料	至少90%天然綠色飼料

※ 資料來源：世界農場動物保護協會，家禽飼養業，2009 年。

附錄三

烹飪雞蛋的時間和方式

名稱	烹飪時間	烹飪方式
煎荷包蛋	1分鐘	在熱油裡煎
水煮荷包蛋	2分鐘	在水裡煮
法式煎雞蛋	2～3分鐘	在鍋裡煎
帶殼溏心蛋	3分鐘	帶殼在水裡煮
軟雞蛋	5～6分鐘	帶殼在水裡煮
雞蛋布丁	5～7分鐘	用隔水燉鍋蒸
燉雞蛋	6～10分鐘	用隔水燉鍋或烤箱或平底鍋
歐姆蛋	7～8分鐘	打勻，在鍋裡煎
烤雞蛋	8分鐘	放入烤盤用烤箱烘烤
硬雞蛋（白煮蛋）	8～10分鐘	帶殼在水裡煮

品味生活｜系列

健康氣炸鍋的美味廚房：
甜點×輕食一次滿足

陳秉文　著／楊志雄　攝影／250元

健康氣炸鍋美味料理術再升級！獨家超人氣配件大公開，嚴選主菜、美式比薩、歐式鹹派、甜蜜糕點等，神奇一鍋多用法，美食百寶箱讓料理輕鬆上桌。

營養師設計的82道洗腎保健食譜：
洗腎也能享受美食零負擔

衛生福利部桃園醫院營養科　著
楊志雄　攝影／380元

桃醫營養師團隊為洗腎朋友量身打造！內容兼顧葷食＆素食者，字體舒適易讀、作法簡單好上手，照著食譜做，洗腎朋友也可以輕鬆品嘗美食！

健康氣炸鍋教你做出五星級各國料理：
開胃菜、主餐、甜點60道一次滿足

陳秉文　著／楊志雄　攝影／300元

煮父母＆單身新貴的料理救星！60道學到賺到的五星級氣炸鍋料理食譜，減油80%，效率UP！健康氣炸鍋的神奇料理術，美味零負擔的各國星級料理輕鬆上桌！

嬰兒副食品聖經：
新手媽媽必學205道副食品食譜

趙素濚　著／600元

最具公信力的小兒科醫生＋超級龜毛的媽媽同時掛保證，最詳盡的嬰幼兒飲食知識、營養美味的副食品，205道精心食譜＋900張超詳細步驟圖，照著本書做寶寶健康又聰明！

品味生活｜系列

首爾糕點主廚的人氣餅乾：美味星級餅乾×浪漫點心包裝＝100分甜點禮物

卞京煥　著／280元

焦糖杏仁餅乾、紅茶奶油酥餅、摩卡馬卡龍……，超過300多張清楚的步驟圖解說，按照主廚的步驟step by step，你也可以變身糕點達人！

燉一鍋×幸福

愛蜜莉　著／365元

因意外遇見一只鑄鐵鍋，從此愛上料理的愛蜜莉繼《遇見一只鍋》之後，第二本廚房手札。書中除了收錄她的私房好菜，還有許多有趣的廚房料理遊戲和心情故事。

遇見一只鍋：愛蜜莉的異想廚房

Emily　著／320元

因為在德國萊茵河畔的Mainz梅茵茲遇見一只鍋，Emily的生活從此不同。這是Emily的第一本著作，也是她的廚房手札，愛蜜莉大方邀請大家一起走進她的異想廚房，分享生活中的點滴和輕鬆料理的樂趣。

果醬女王Queen of Confiture

于美瑞　著／320元

耐心地製作果醬，將西方的文化帶入臺灣，做出好吃的果醬，是我的創意和樂趣。過了水果產季，還是能隨時品嘗到水果的美味食物，果醬的存在怎麼不令人雀躍呢？所以我想和大家分享，這麼原始又單純的甜美和想念的滋味。